新时代智库出版的领跑者

国家智库报告 2022（38）
National Think Tank
国际

中国—中东欧国家科技人才交流合作报告（2022）

韩萌　姜峰　顾虹飞　著

EXCHANGE AND COOPERATION OF SCIENTIFIC AND TECHNOLOGICAL TALENTS BETWEEN CHINA AND CENTRAL AND EASTERN EUROPEAN COUNTRIES (2022)

中国社会科学出版社

图书在版编目(CIP)数据

中国—中东欧国家科技人才交流合作报告.2022 / 韩萌,姜峰,顾虹飞著.—北京:中国社会科学出版社,2023.1

(国家智库报告)

ISBN 978-7-5227-1039-6

Ⅰ.①中… Ⅱ.①韩… ②姜… ③顾… Ⅲ.①科学技术合作—国际合作—研究报告—中国、欧洲—2022 Ⅳ.①G322.5

中国版本图书馆 CIP 数据核字(2022)第 220149 号

出 版 人	赵剑英
项目统筹	王 茵 喻 苗
责任编辑	周 佳 范娟荣
责任校对	夏慧萍
责任印制	李寡寡

出 版	中国社会科学出版社
社 址	北京鼓楼西大街甲 158 号
邮 编	100720
网 址	http://www.csspw.cn
发 行 部	010-84083685
门 市 部	010-84029450
经 销	新华书店及其他书店
印刷装订	北京君升印刷有限公司
版 次	2023 年 1 月第 1 版
印 次	2023 年 1 月第 1 次印刷
开 本	787×1092 1/16
印 张	11.5
插 页	2
字 数	116 千字
定 价	58.00 元

凡购买中国社会科学出版社图书,如有质量问题请与本社营销中心联系调换
电话:010-84083683
版权所有 侵权必究

摘要： 作为连接欧亚大陆的重要纽带，中东欧国家依托有利的区位条件，长期以来都是西欧国家产业转型升级的主要承接国，因此拥有着良好的创新技术与优质的科技人才储备。

中国现阶段处于经济转型期，产业升级急需技术人才加以推动，但中国国内科技人才缺口大、培养周期长，所以必须加大海外人才引进力度以补充社会经济发展的需要，而充分挖掘中国与中东欧国家科技人才对接潜力，既是满足中国科技创新合作多元化需求的有益举措，也是在中美科技竞争日益激烈背景下拓展合作伙伴、丰富人才供给的积极尝试，对于提升中国技术创新效率、促进区域科技资源共享意义重大。

不可否认，当前中国对中东欧国家无论在人才引进数量，还是质量上都明显不足，特别是在全球新冠肺炎疫情持续蔓延以及地缘政治局势加剧动荡的复杂背景下，传统的国际人才交流模式已受到严重冲击，加之中国现有的海外人才引进机制存在明显缺陷，导致中东欧国家科技人才同中国交流意愿不强，"引智"供需存在结构性失衡。如何发挥好中国—中东欧国家合作机制，在有针对性地提升市场与政策倾斜的同时，对现有海外人才引进机制进行突破和创新将是本报告研究的重点问题，以期在破除现有机制性障碍的基础上，为构建更具国际竞争力的中国—中东欧国家科技人才交流平台设计有针对性且可行的政策框架体系。

报告具体分为以下五个部分。

第一，中东欧国家在科技创新领域的优势特点。由于中东欧国家国别差异较大，技术优势与创新能力各不相同，因此为了全面系统掌握中东欧国家科技禀赋条件与人才分布特点，本部分将采用文献查阅、资料分析以及调研咨询等方法，梳理分析中东欧国家科技创新领域的发展现状，以期为进一步提升中国—中东欧国家创新合作与人才交流成效提供客观依据支持。

第二，中国与中东欧国家科技人才交流合作现状。本部分分别从多边与双边视角出发，回顾了中国与中东欧国家开展科技人才交流合作的历程与政策演进，总结双方科技人才交流合作的现状特征、形式特点与主要成就，在掌握双方现有对接路径与制度条件的同时，以具体合作案例为切入点，总结双方人才交流新的趋势与变化，为推动双方科技人才交流合作模式与机制的优化奠定前期经验基础。

第三，中国与中东欧国家科技人才交流潜力与发展障碍分析。本部分构建了中国与中东欧国家科技人才交流潜力指标体系，采用动态因子分析法多层次、全方位衡量了中国与中东欧国家科技人才交流基础、特征。同时，报告利用突变理论与模糊数学相结合的突变模糊隶属函数，对中东欧各国与中国科技人才交流发展的障碍因素进行了量化剖析，以此为中国在中东欧国家开展人才战略布局提供新思路。

第四，新形势下中国引进中东欧国家科技人才的机遇与挑战。本部分全面考量了国内、国际环境，在结合中国与中东欧国家自身优势的基础上，深入挖掘推动双方科技人才交流合作的机遇，并针对现实问题，系统归纳了中国引进中东欧国家科技人才所面临的风险挑战，为进一步优化中国对中东欧国家科技人才引进路径提供参考。

第五，中国引进中东欧国家科技人才的区位选择框架与政策优化。基于前文对于中国与中东欧国家科技人才交流潜力的测算结果以及中东欧国家自身创新能力的分析，报告构建了中国对中东欧国家科技人才引进的区位选择框架。同时，以现存风险阻力为依据，本部分提出了相应的政策建议，为化解中国人才引进困境，释放人才协同潜力提供了合理可行的决策保障。

关键词：中东欧国家；科技人才引进；人才交流潜力指标体系；障碍因子诊断；引才区位选择框架

Abstract: As an important link connecting the Eurasian continent, CEE countries have long been the main undertaking countries for the industrial transformation and upgrading of Western European countries based on their favorable location conditions, so they have good innovative technology and high-quality scientific and technological talent reserves.

Because China is currently in the midst of an economic transition phase, the promotion of technical abilities is an immediate necessity for the industrial upgrading process. In spite of this, China's domestic science and technology talent quantity gap is significant, and the training cycle is lengthy; as a result, we need to enhance the importation of talents from other countries to complement the requirements of social and economic growth. And, making full use of the potential of science and technology talent docking between China and countries in Central and Eastern Europe is not only a useful initiative to meet the diverse needs of China's science and technology innovation cooperation, but it is also a positive attempt to expand partners and enrich talent supply in the context of the increasingly fierce competition between China and the US in the field of science and technology. It is of the utmost importance to improve the effectiveness of technological innovation in China and to encourage the sharing of scientific and technology resources in the area.

It is undeniable that at present, China's introduction of talent to Central and Eastern European countries, whether in terms of quantity or quality, are clearly inadequate, especially in the global new crown pneumonia epidemic continues to spread and the geopolitical situation intensifies the complex background of turmoil, the traditional international talent exchange model has been a serious impact, coupled with China's existing overseas talent introduction mechanism has obvious defects, resulting in the Central and Eastern European scientific and technological talent with China's willingness to exchange, the supply and demand of intellectual attraction exists a structural imbalance. How to make good use of the China-CEE cooperation mechanism and make a breakthrough and innovation to the existing mechanism of introducing overseas talents while targeting to improve the market and policy inclination will be the key issues of the report, with a view to designing a targeted and feasible policy framework system for building a more internationally competitive China-CEE science and technology talent exchange platform on the basis of breaking the existing institutional barriers.

The report is divided into the following five chapters:

First, the advantages and characteristics of CEE countries in the field of science and technology innovation. Since the CEE countries are different from each other in terms of technological advantages and innovation capabilities, in order to comprehensively and systematically grasp the scientific and technological endowment conditions and talent distribution characteristics of CEE countries, this chapter will use literature review, data analysis and research and consultation methods to sort out and analyze the development status of CEE countries in the field of science and technology innovation, in order to provide objective basis support to further enhance the effectiveness of innovation cooperation and talent exchange between China and CEE countries.

Second, the current situation of science and technology talent exchange and cooperation between China and CEE countries. This chapter reviews the history and policy evolution of science and technology talent exchange and cooperation between China and CEE countries from multilateral and bilateral perspectives respectively, summarizes the current features, form characteristics and main achievements of science and technology talent exchange and cooperation between the two sides, and takes specific cooperation cases as the entry point to summarize the new trends and changes of talent exchange between the two sides while grasping the existing docking paths and institutional conditions between the two sides, so as to promote science and technology talent exchange and cooperation between the two sides. It will lay the foundation of experience for promoting the optimization of the model and mechanism of talent exchange and cooperation between the two sides.

Third, the potential and development obstacles of science and technology talent exchange between China and CEE. This chapter constructs the index system of China-CEE science and technology talent exchange potential, and measures the basis and characteristics of science and technology talent exchange between China and CEE countries in a multi-level and all-round way using dynamic factor analysis. At the same time, the report uses mutation theory combined with fuzzy mathematics of mutation fuzzy affiliation function to quantitatively analyze the obstacle factors of the development of science and technology talent exchange between CEE countries and China, so as to provide new ideas for China to carry out strategic layout of talent in CEE.

Fourth, the opportunities and challenges for China to introduce scientific and technological talents from CEE countries under the new situation. This report comprehensively considers the domestic and international environment, and on the basis of the advantages of China and CEE countries, it deeply explores the opportunities for promoting the exchange and cooperation of scientific and technological talents between them, and systematically summarizes the risks and challenges faced by China in introducing scientific and technological talents from CEE countries in view of the real problems, so as to provide reference for further optimizing the path of introducing scientific and technological talents to CEE countries.

Fifth, the location selection framework and policy optimization of China's introduction of science and technology talents from CEE countries. Based on the results of the previous chapters on the potential of science and technology talent exchange between China and CEE countries and the analysis of the innovation capacity of CEE countries themselves, the report constructs a locational selection framework for the introduction of science and technology talent to CEE countries in China. At the same time, based on the existing risk resistance, this chapter puts forward the corresponding policy suggestions, which provide reasonable and feasible decision-making guarantee for solving the dilemma of talent introduction in China and releasing the potential of talent synergy.

Key Words: Central and Eastern European Countries; Science and Technology Talent Introduction; Talent Exchange Potential Index System; Barrier Factor Diagnosis; Talent Attraction Location Selection Framework

目 录

一 中东欧国家在科技创新领域的优势特点 ………（1）

（一）对于中东欧国家科技创新能力的评估分析 ………（3）

（二）中东欧国家科技创新投入与产出分析 ………（11）

（三）中东欧各国的科研组织与科技人才基础分析 ………（16）

（四）中东欧国家科研成果产出情况分析 ……（20）

二 中国与中东欧国家科技人才交流合作现状 ………（24）

（一）合作优势领域 ………（25）

（二）顶层设计与平台搭建促进中国与中东欧国家科技人才交流 ………（27）

（三）多边与双边网络促进中国与中东欧国家
　　　科技人才交流 …………………………（30）
（四）中国与中东欧国家开展科技人才交流
　　　合作案例 ………………………………（33）

三 中国与中东欧国家科技人才交流潜力与发展障碍分析

　　——基于中东欧国家面板数据 ……………（50）
（一）中国与中东欧国家科技人才交流潜力
　　　水平测算 ………………………………（53）
（二）中国—中东欧国家科技人才交流潜力
　　　空间相关性分析 ………………………（70）
（三）中国—中东欧国家科技人才交流潜力
　　　障碍因子诊断 …………………………（77）

四 新形势下中国引进中东欧国家科技人才的机遇与挑战 ……………………………………（89）

（一）中国推进对中东欧国家科技人才引进的
　　　时代机遇 ………………………………（91）
（二）中国引进中东欧国家科技人才面临的
　　　风险挑战 ………………………………（116）

五 中国引进中东欧国家科技人才的区位选择框架与政策优化 …………………………………（132）

（一）中国引进中东欧国家科技人才的区位选择框架 ……………………………………（132）

（二）相关政策建议 ……………………………（152）

参考文献 ……………………………………………（164）

一 中东欧国家在科技创新领域的优势特点

作为连接欧亚大陆的重要纽带，中东欧国家依托有利的区位条件，长期以来都是西欧国家产业转型升级的主要承接国，拥有良好的创新技术与优质的技术人才储备。同时，中东欧国家国别差异较大，技术优势与创新能力各不相同，为了全面系统掌握中东欧国家科技禀赋条件与人才分布特点，本章将采用文献查阅、资料分析以及调研咨询等方法，梳理分析中东欧国家科技创新领域的发展现状，以期为进一步提升中国—中东欧国家创新合作与人才交流成效提供客观依据支持。

中东欧国家多为共建"一带一路"合作国家，是欧洲经济增长新的动力引擎。多数中东欧国家加入欧盟后，受益于欧洲产业升级和资本转移，逐步建立了较为完善的市场机制和生产要素配置体系。相比于西欧市场，中东欧国家具有经济活力强、劳动成本低、市场潜力大的优势。中东欧国家总人口约占欧洲总人口的1/5，人才整体素质相对较好，具有良好的科学技术发展基础。

从表1.1可见，截至2020年年末，波兰、罗马尼亚、捷克、希腊、匈牙利、斯洛伐克六国GDP超过1000亿美元以上，其中波兰最高，达到5941.65亿美元。

表1.1　　　　　　　　中东欧国家基本情况

	国土面积（万平方千米）	人口（万人）	GDP（亿美元）	人均GDP（万美元）
波兰	31.268	3795.81	5941.65	1.57
罗马尼亚	23.84	1931.8	2487.16	1.29
捷克	7.887	1069.39	2435.3	2.28
希腊	13.196	1070.97	1894.1	1.77
匈牙利	9.126	976.95	1550.13	1.59
斯洛伐克	4.808	545.79	1045.74	1.92
保加利亚	11.1	695.15	691.05	0.99
克罗地亚	8.807	405.82	559.67	1.38
塞尔维亚	8.836	692.67	529.6	0.76
斯洛文尼亚	2.048	209.59	528.8	2.52
拉脱维亚	6.457	190.77	335.05	1.76
爱沙尼亚	4.534	132.9	310.3	2.33
波黑	5.121	330.1	197.88	0.60
阿尔巴尼亚	2.875	284.6	148	0.52
北马其顿	2.571	207.63	122.67	0.59
黑山	1.381	62.19	47.79	0.77

资料来源：笔者根据世界银行世界发展指标数据库自制。

近年来，在欧盟科技与人才政策的引领下，加入欧盟的中东欧国家与欧盟平均发展水平不断趋同，多数中东欧国家的创新能力也有所提高,部分国家表现出快速追赶欧盟先进成员国的态势。

(一)对于中东欧国家科技创新能力的评估分析

1. 基于欧洲创新记分牌的分析评估

为了衡量欧洲各国科技创新水平,欧盟采用欧洲创新记分牌(EIS)来监测、评估、比较欧盟成员国、欧盟与世界主要国家的研究与创新绩效[①],明晰欧盟国家在研究和创新系统的相对优势和劣势,跟踪进展并确定优先领域,以提高创新绩效,是研究欧盟创新能力水平的重要分析指标。2021年的创新记分牌基于修订后的框架,囊括了有关数字化和环境可持续性

---

① EIS由欧盟创新政策研究中心制定,从2001年开始对欧盟各国的国家创新能力进行全面评价,到目前为止,有关评价指标已经修订了6次。最新版的指标分为"创新驱动""企业活动""创新产出"三大领域(一级指标),分别反映企业外部的主要创新驱动力,创新过程中企业的表现和创新的中间结果,以及创新结果和成效;下设人力资源、资助和支持、企业投资、创业与合作、创新中间产出、创新企业、经济效益等7个二级指标。EIS在设计思想上突出了创新过程的系统性并强调了企业的创新主体地位,在内容上既包括创新活动的投入和中间产出情况,又包括创新对经济的影响等。由于各项评价指标的计量单位不同,EIS采用综合指数法,通过标准化、赋权等步骤得出各个国家的"综合创新指数"(SII)。参考国家信息中心经济预测部《国际创新指数研究历程与代表性指数介绍》。

新指标。根据《2021年欧洲创新记分牌》报告,除阿尔巴尼亚外,中东欧国家创新绩效情况见表1.2。

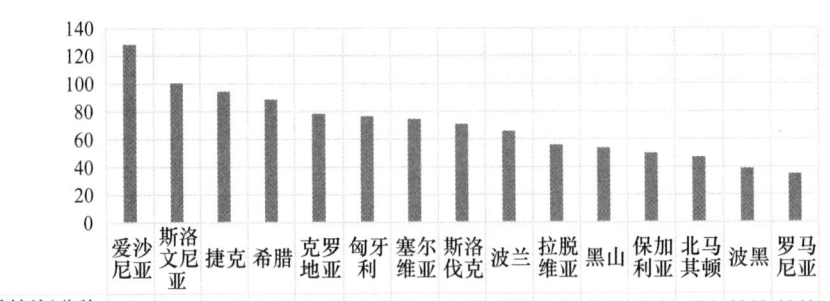

图1.1　2021年中东欧国家创新记分牌

资料来源:笔者根据《2021欧洲创新记分牌》(*European Innovation Scoreboard 2021*)报告整理自制。

按照欧盟评估标准,各国依据创新能力强弱可分为四个组别:创新引领型、强力创新型、中等创新型与新兴创新型。中东欧国家的分组情况如下:

表1.2　　　　　　　　　创新记分牌分组

	国家			
强力创新型	爱沙尼亚			
中等创新型	斯洛文尼亚	捷克	希腊	
新兴创新型	克罗地亚	匈牙利	塞尔维亚	斯洛伐克
	波兰	拉脱维亚	黑山	保加利亚
	北马其顿	波黑	罗马尼亚	

资料来源:笔者根据 *European and Regional Innovation Scoreboards 2021* 自制。

	爱沙尼亚	斯洛文尼亚	捷克	希腊	克罗地亚	匈牙利	塞尔维亚	斯洛伐克	波兰	拉脱维亚	黑山	保加利亚	北马其顿	波黑	罗马尼亚
2014年	82.03	97.65	82.56	62.62	56.74	65.13	51.27	61.23	55.00	45.98	45.26	42.86	38.92	40.17	32.68
2015年	83.80	99.29	85.08	64.54	57.57	67.06	52.59	63.07	55.73	48.88	47.61	45.89	37.90	42.09	33.28
2016年	83.81	99.63	86.45	66.13	58.72	68.33	54.27	65.90	55.88	52.07	46.43	45.50	39.31	42.53	33.45
2017年	82.94	100.87	83.81	69.40	59.20	72.08	57.20	67.25	58.42	51.36	48.89	47.09	40.97	42.97	35.90
2018年	82.69	100.01	87.14	67.57	62.02	72.05	57.83	65.04	58.72	55.35	53.14	46.47	44.56	44.97	34.58
2019年	103.96	98.08	90.98	78.55	64.65	70.38	63.93	68.59	61.17	61.41	54.91	46.93	40.74	43.16	33.12
2020年	107.35	93.81	92.13	80.63	68.31	72.96	67.01	71.62	63.17	61.36	50.86	49.11	44.58	38.72	33.14
2021年	128.29	100.49	94.41	88.49	78.22	76.42	74.52	70.98	65.88	55.87	53.74	50.06	47.1	38.97	35.09

图 1.2　2014—2021 年中东欧国家创新记分情况

资料来源：笔者根据 *European and Regional Innovation Scoreboards 2021* 自制。

总体来看，中东欧国家的创新能力还处于快速追赶欧盟平均水平的阶段，以2021年为例，欧盟成员国的创新指数平均值为104.74，中东欧国家中仅有爱沙尼亚一国超过平均值。但从整体来看，自2014年起，中东欧多数国家的创新指数有所增长，如爱沙尼亚、捷克、希腊、克罗地亚、匈牙利、塞尔维亚等国，但是在第一梯队创新领导型国家组中仍然没有中东欧国家的身影。

2. 基于全球创新指数的分析评估

全球创新指数（Global Innovation Index，GII）研究于2007年由欧洲工商管理学院启动，旨在评估国家或经济体的创新能力和相关政策表现，其关键目标是超越传统的创新测度方法，如博士学位数量、研究论文、研发支出及专利数等，寻找更好的方法和途径描述丰富的社会创新活动，制定更好、更科学的评估创新标准与策略。即通过评估各经济体为创新提供的支持因素如体制、人力资本与研究、基础设施等来衡量一个国家或经济体的创新能力，为企业领袖和政府决策者提供了解提升一国竞争力可能面临的问题与改进方向。[①]

---

① 《国际创新指数研究历程与代表性指数介绍》，国家信息中心网站，2017年10月20日，http://www.sic.gov.cn/News/459/8533.htm。

该报告是目前国际上关于创新对竞争力和经济增长影响最全面的评估研究之一，它是根据世界经济论坛、世界银行、联合国教科文组织等国际组织发布的权威数据，由学术界与企业界专业人员联合对全球多个国家或经济体的创新能力进行研究后编写出来的。全球创新指数关注的焦点在于创新在全世界的新趋势和新实践，试图使政策制定者更加重视创新和相关政策，并强调其中难以把握的重要内容。

全球创新指数的编制始于三个重要的动机：一是创新在增长型战略中处于核心地位；二是创新的范围更加广泛，不局限于研究与开发（R&D）和科技论文，还包括商业模式创新和社会创新；三是创新令创新者和新生代企业家备受鼓舞。GII通过使用促进创新、增加作为创新活动成果的产出等多个指标因素，衡量各个经济体如何从创新中受益。它不仅善于发现那些表现卓越的创新领先国家，还能通过其所提供的创新差距新视角，帮助落后者更好地寻找差距，为国家政策制定者提供政策与行动指南。

全球创新指数是一个动态的、不断更新的评估体系，该体系自2007年设定以来，根据全球创新发展趋势不断改进和完善，到2012年形成了基本的概念框架，其中包括5个投入指数和2个产出指数，共84个变量。

创新投入指数体现的是五大创新活动的国家经济要素。一是制度，包括政治环境、管理环境和商业环境等；二是人力资本和研究，包括基础教育、高等教育和研发等；三是基础设施，包括信息通信技术、一般性基础设备和生态可持续性等；四是市场成熟度，包括信贷、投资和贸易竞争力等；五是商业成熟度，包括知识型员工、创新协作和知识吸收等。

创新产出指数体现的是创新成果的实质证据，共有两个指标。一是知识与技术产出，包括知识创新、知识影响和知识扩散等；二是创意产出，包括创造性无形资产、创意产品和服务以及在线创意等。每一个指数可划分成若干子变量，每一个子变量由单独的指标构成。在概念框架中，创新投入指数是投入指标得分的算术平均值，创新产出指数是产出指标得分的算术平均值，两类指标权重相同，总体得分是创新投入和创新产出的简单平均。

此外，从2011年开始，GII专门列出创新效率指数，其按照创新投入产出指数的比率来计算，以对各经济体如何利用其支持环境推动创新取得的成果进行审查。与以往相比，2012年，GII更注重经济生态可持续性和创意创造力，因此在评价框架中增加了生态可持续性和在线创意等指标体系,这也符合 GII 不断更新改进创新衡量方式的一贯宗旨,以反映出当今世界创新的主要趋势和特征。

GII 评价框架包括四个步骤,即概念一致性、数据核对、统计连贯性及定性评审,每个步骤都包括一些具体的操作。为保证结果可靠并具有指导意义,编制机构连续两年邀请欧盟委员会联合研究中心的计量和应用统计组审核两个主要问题,即概念与统计连贯性和关键模型假定对 GII 得分与排名的影响。在具体评价各个经济体的创新能力指数时,采用的基本方法是正负标准化,以使不同量纲化的指标数据具有一定的可比性。标准化的数据在 2010 年之前采用 1—7 分制,2010 年之后采用 0—100 分制。在具体操作中,要确保标准化之后的最小数值代表该国创新表现非常差,最大数值代表该国的创新表现非常好。

表 1.3　　　　　　　中东欧国家科技创新能力指数

	GII 排名（2021）	创新投入部分					创新产出部分		较 2020 年排名变化趋势
		制度	人力资本和研究	基础设施	市场成熟度	商业成熟度	知识与技术产出	创意产出	
爱沙尼亚	21	22	34	8	10	29	22	15	25（↑4）
捷克	24	32	33	19	50	25	12	22	24（→）
斯洛文尼亚	32	20	28	27	71	27	32	38	32（→）
匈牙利	34	42	36	32	65	31	20	47	35（↑1）

续表

	GII排名（2021）	创新投入部分					创新产出部分		较2020年排名变化趋势
		制度	人力资本和研究	基础设施	市场成熟度	商业成熟度	知识与技术产出	创意产出	
保加利亚	35	47	65	36	72	42	27	21	37（↑2）
斯洛伐克	37	39	58	39	73	43	30	43	39（↑2）
拉脱维亚	38	29	46	55	45	40	45	39	36（↓2）
立陶宛	39	33	43	42	35	45	49	41	40（↑1）
波兰	40	38	37	41	60	38	36	50	38（↓2）
克罗地亚	42	46	47	29	67	55	47	54	41（↓1）
希腊	47	51	16	45	70	60	52	69	43（↓4）
罗马尼亚	48	53	76	37	76	54	35	72	46（↓2）
黑山	50	48	59	60	41	67	78	33	49（↓1）
塞尔维亚	54	50	62	44	58	63	43	76	53（↓1）
北马其顿	59	52	73	49	12	65	57	83	57（↓2）
波黑	75	82	68	52	51	99	66	99	74（↓1）
阿尔巴尼亚	84	60	90	62	79	68	103	81	83（↓1）

资料来源：笔者根据 *Global Innovation Index 2021* 自制。

从表1.3中可以看出，同2020年相比，2021年中东欧国家科技创新能力发生一定变化，其中爱沙尼亚、匈牙利、保加利亚、斯洛伐克、立陶宛的排名均有所上升，上升幅度最大的是爱沙尼亚（上升4名至第21位）。排名没变化的有：捷克（第24位）、斯洛文尼亚（第32位）。其他国家排名有所下降，但下降幅度都不大。

根据排名，大体可以分为四组：第一组：第 30 名以前，包括爱沙尼亚、捷克。第二组：第 31—40 名，包括斯洛文尼亚、匈牙利、保加利亚、斯洛伐克、拉脱维亚、立陶宛和波兰。第三组：第 41—50 名，包括克罗地亚、希腊、罗马尼亚和黑山。第四组：第 51—84 名，包括塞尔维亚、北马其顿、波黑和阿尔巴尼亚。其中：第一、第二组国家的科技创新实力和创新能力比较强，第三组次之，第四组比较弱。通过分类可以为中国开展科技合作提供参考。

（二）中东欧国家科技创新投入与产出分析

1. 科研经费支出不断增加

近年来，中东欧国家的科研经费投入不断增加（见表 1.4）。从表 1.4 中可见，2012 年以来，中东欧国家的研发费用都是持续增长的。2018 年，中东欧国家研发费用支出排名前三的是波兰、捷克和匈牙利。其中波兰超过 1462 万美元，比 2017 年增长 18.99%。中东欧国家研发费用持续增长，对促进各国科技事业的发展起到重要的推动作用。

表 1.4　2012—2021 年中东欧国家研发费用支出总额

（单位：美元）

	2012 年	2013 年	2014 年	2015 年	2016 年	2017 年	2018 年	2019 年	2020 年	2021 年
保加利亚	716174.70	767171.60	1005441.55	1253400.93	1094495.11	1123273.06	1199781.61	1217778.33	1211689.44	1228047.25
捷克	5441566.02	6089302.76	6699445.81	6854793.64	6369185.52	7302392.28	8286917.93	8411221.70	8369165.59	8482149.32
爱沙尼亚	730612.23	624100.35	544204.67	563352.66	512102.63	570285.99	675022.06	685147.39	681721.65	690924.90
克罗地亚	677420.00	751865.11	732218.02	812679.44	890604.18	946291.30	1113997.44	1130707.40	1125053.86	1140242.09
拉脱维亚	287186.32	279407.38	327196.72	306170.66	227824.75	284737.92	378458.36	384135.24	382214.56	387374.46
立陶宛	659147.34	749809.97	851351.72	874215.06	747148.69	857503.66	945434.79	959616.31	954818.23	967708.27
匈牙利	2895024.32	3361355.49	3408354.43	3534537.67	3235146.30	3849702.55	4733514.48	4804517.19	4780494.61	4845031.29
波兰	7990844.95	8185829.53	9149349.63	10234761.37	10353614.33	11844722.67	14622024.89	14841355.26	14767148.49	14966504.99
罗马尼亚	1837270.21	1534514.99	1569458.48	2091472.25	2286927.27	2680195.80	2848697.12	2891427.58	2876970.44	2915809.54
斯洛文尼亚	1529856.15	1583663.47	1505708.36	1433393.60	1406797.72	1413479.56	1567372.14	1590882.72	1582928.31	1604297.84
斯洛伐克	1159913.35	1243832.51	1379512.66	1886935.13	1273405.60	1489672.11	1486941.32	1509245.44	1501699.21	1521972.15
黑山	34403.56	34576.44	34713.88	38014.37	36524.93	42629.27	48119.04	48840.82	48596.62	49252.67
北马其顿	80248.56	115307.86	143452.16	127725.07	135880.51	114577.98	125657.95	127542.82	126905.11	128618.33
塞尔维亚	855813.11	716513.98	755850.34	859158.78	932338.76	1014044.68	1127885.65	1144803.94	1139079.92	1154457.50
波黑	98559.80	125403.63	102416.25	90061.43	94988.09	92648.51	96710.00	98160.65	97669.84	98988.39
希腊	1953661.87	2321721.06	2436024.77	2798161.30	2980060.78	3538547.80	3835586.24	3893120.03	3873654.43	3925948.77

注：（1）美元以当前购买力平价计算。（2）阿尔巴尼亚数据暂缺。

资料来源：联合国教科文组织统计研究所（UIS）及世界银行（WB）有关数据。

2. 人均研发费用日益增长

从人均研发费用支出水平来看，各国的人均研发费用支出情况见表1.5。2012年以来，除了斯洛文尼亚和波黑，其他中东欧国家国内研发总支出都有不同程度的增长。罗马尼亚、波兰、塞尔维亚和希腊增幅均在60%以上。其中，罗马尼亚增幅更是达到了86.62%。2018年，捷克、爱沙尼亚和斯洛文尼亚人均研发费用水平较高，超过500美元。匈牙利、波兰、希腊和立陶宛人均研发总支出也超过了300美元。

表1.5　　2012—2021年中东欧国家研发费用人均支出　　（单位：美元）

	2012年	2013年	2014年	2015年	2016年	2017年	2018年	2019年	2020年	2021年
保加利亚	97.65	105.23	138.76	174.09	153.03	158.15	170.14	172.70	171.83	172.09
捷克	514.26	575.19	632.55	646.59	599.80	686.25	776.97	788.63	784.68	785.86
爱沙尼亚	552.17	473.14	413.44	428.30	388.98	432.23	510.25	517.91	515.32	516.09
克罗地亚	157.69	175.81	172.06	191.99	211.62	226.23	268.02	272.04	270.68	271.09
拉脱维亚	138.80	136.63	161.88	153.26	115.40	145.94	196.25	199.19	198.20	198.49
立陶宛	216.43	249.19	286.51	298.18	258.57	301.36	337.50	342.57	340.85	341.36
匈牙利	293.48	341.81	347.61	361.48	331.71	395.66	487.61	494.93	492.45	493.19
波兰	209.04	214.52	240.20	269.09	272.54	312.09	385.59	391.37	389.41	390.00
罗马尼亚	90.83	76.22	78.33	104.97	115.52	136.37	146.04	148.23	147.49	147.71

续表

	2012年	2013年	2014年	2015年	2016年	2017年	2018年	2019年	2020年	2021年
斯洛文尼亚	743.43	767.61	728.28	692.06	678.23	680.74	754.33	765.64	761.82	762.96
斯洛伐克	214.21	229.42	254.11	347.14	234.00	273.44	272.68	276.77	275.39	275.80
黑山	缺失	55.20	55.40	60.63	58.23	67.93	76.65	77.80	77.41	77.52
北马其顿	38.69	55.54	69.04	61.43	65.30	55.03	60.33	61.23	60.93	61.02
塞尔维亚	119.17	100.26	106.24	121.41	132.43	144.83	161.96	164.39	163.57	163.82
波黑	27.34	35.40	29.41	26.26	28.05	27.64	29.10	29.53	29.38	29.43
希腊	181.21	216.17	227.63	262.50	280.74	334.79	364.52	369.99	368.14	368.69

注：（1）美元以当前购买力平价计算。（2）阿尔巴尼亚数据暂缺。

资料来源：联合国教科文组织统计研究所（UIS）及世界银行（WB）有关数据。

3. 研发投入强度相对偏低

研发投入强度是指国内研发总支出（R&D）占国内生产总值（GDP）的百分比，是国际上用来说明研发在社会再生产过程中的地位的指标。科技实力越强的国家，研发费用占GDP的比重往往越高。从图1.3中可以看出，2018年，中东欧国家的研发强度普遍偏低，其中，超过1%的国家仅有斯洛文尼亚、捷克、爱沙尼亚、匈牙利、波兰和希腊，而同期美国、德国、日本、中国等全球主要经济体的研发投入强度均超过了2%，甚至连全球总体研发投入强度也达到了2.2%。可见，中东欧国家研发投入相对不足，这在一定程度上限制了其创新能力的释放。但是，随着各国

	保加利亚	波黑	捷克	爱沙尼亚	希腊	克罗地亚	匈牙利	立陶宛	拉脱维亚	北马其顿	黑山	波兰	罗马尼亚	塞尔维亚	斯洛伐克	斯洛文尼亚
2012年	0.604	0.265	1.782	2.109	0.7	0.751	1.261	0.895	0.663	0.327	—	0.881	0.484	0.853	0.796	2.561
2013年	0.637	0.321	1.9	1.713	0.811	0.812	1.387	0.95	0.612	0.439	0.374	0.871	0.388	0.684	0.822	2.565
2014年	0.793	0.257	1.973	1.421	0.833	0.783	1.349	1.031	0.688	0.516	0.363	0.94	0.382	0.723	0.878	2.365
2015年	0.952	0.219	1.929	1.457	0.961	0.84	1.347	1.044	0.624	0.444	0.374	1.003	0.488	0.811	1.163	2.196
2016年	0.772	0.216	1.68	1.246	0.994	0.863	1.19	0.842	0.44	0.436	0.325	0.964	0.48	0.84	0.791	2.011
2017年	0.743	0.2	1.791	1.28	1.131	0.863	1.332	0.896	0.515	0.354	0.349	1.034	0.503	0.874	0.886	1.866
2018年	0.756	0.195	1.93	1.404	1.177	0.972	1.533	0.942	0.641	0.365	0.364	1.21	0.501	0.92	0.838	1.95

图 1.3 2012—2018 年中东欧国家国内研发总支出占 GDP 的百分比情况

注：阿尔巴尼亚数据暂缺。

资料来源：笔者根据世界银行（WB）数据自制。

创新意识的不断增强，中东欧国家研发投入强度也将有所上升，从而为其科技创新发展提供更大动力。

（三）中东欧各国的科研组织与科技人才基础分析

1. 中东欧国家科研组织影响力不断增大

从中东欧国家科研组织发展情况来看，科研组织数量持续增加，规模不断扩大。以捷克为例，捷克统计局数据显示，从2010年以来，捷克研发中心数量不断增加，2010年为2587个，2017年达到3114个，七年增加了527个，增幅明显。按照科技研发主体来分，研发中心主要包括：企业所属研发中心、政府所属研发中心、高等教育学校研发中心以及其他非营利性中心。2017年，捷克各种企业所属研发中心达到2628个，占研发中心总数的84.39%，政府所属研发中心199个，占研发中心总数的6.4%，高等教育学校研发中心229个，占研发中心总数的7.4%，其他非营利性中心58个。[①] 从实际数据看，企业所属研发中心的数量持续增长，而政府所属研发中心的数量有所减少，高等教育学校研发中心数量缓慢增长。可见，各种企

---

① 忻红、李振奇：《中国—中东欧国家科技创新能力及科技合作研究》，《科技管理研究》2021年第9期。

业所属研发中心发挥着主要作用。

　　波兰政府近年来也重视加大对研发活动的投入，波兰国家研发中心（National Center for Research and Development，NCBR）是负责国家科技和创新战略、政策确定的有关任务具体实施的执行机构，为波兰科技界和商业界搭建起有效对话的平台。波兰通过科技体制改革，赋予国家研发中心在管理国家战略研究计划方面更多的自主权。国家研发中心目前正在组织实施环境、农业和林业、能源生产先进技术、互动科技信息跨学科系统、建筑维护节能综合系统、优化矿井工作安全、安全核电工程技术、生活方式疾病、新药和再生药物等多个战略研发计划或项目。除组织实施国家战略计划外，该中心还组织实施研发成果产业化示范（DEMONSTRATOR+）、风险基金桥梁（BridgeVC）、波兰页岩气研发（BlueGas-Polish Shale Gas）、激发生态概念预研（GEKON-Generator of Ecological Concepts）、培育青年科学家帅才（Lider）、石墨烯技术（GRAF-Tech）等 13 个研发计划项目，并积极参与国际科技合作计划项目。波兰通过积极参与欧盟有关科技合作计划以及欧洲核子研究中心（CERN）等科学项目，不断加强与世界主要国家的双边科技合作，目前已有 58 名该国科学家当选欧洲科学院院士。

2. 中东欧国家科研人数呈现上升态势

科研人数的多少在一定程度上决定了一个国家（或地区）的科研创新水平和实力。在当前科技迅速发展的时代，互联网、云计算、大数据、5G 技术的运用需要大量的科技人才，特别是掌握高端技术、具有创新意识的科研人员和团队。随着中东欧国家对科技创新的重视程度不断提高，科研人数开始呈现上涨趋势。

如果按照研发人员的全职当量（FTE）[①] 来计算，波兰 2018 年研发人员的全职当量为 161993，在中东欧国家排第一。该指标比 2013 年增加了 68242.2，增幅为 72.79%。其次是捷克，研发人员的全职当量为 74969，比 2013 年增加了 12993.1，增幅为 20.96%。排名最后的是黑山，其研发人员全职当量仅为 703，比 2013 年仅增加了 174，但增幅却高达 32.89%。可见，2013 年以来，中东欧各国科技人力投入的力度不断加大，对促进科技创新起到了重要作用。

[①] 全职当量简称 FTE，用于比较科技人力投入的一种指标。具体是指全职研发人员的工作量与非全职人员按实际工作时间折算的工作量之和。

表1.6　　2013—2018年中东欧国家研发人员发展情况　　（单位：FTE）

	2013年	2014年	2015年	2016年	2017年	2018年
保加利亚	17545	19335	22492	25060	23290	25809
捷克	61976	64444	66433	65783	69736	74969
爱沙尼亚	5858	5790	5636	5772	6048	6183
克罗地亚	10448	10027	10645	11536	11778	13029
拉脱维亚	5396	5739	5570	5120	5378	5806
立陶宛	11080	11791	10607	10924	11577	11956
匈牙利	38163	37329	36847	35757	40432	45566
波兰	93751	104359	109249	111789	144103	161993
罗马尼亚	32507	31391	31331	32232	32586	31933
斯洛文尼亚	15229	14866	14225	14403	14713	15698
斯洛伐克	17166	17594	17591	15622	16810	20268
黑山	529	600	673	624	611	703
北马其顿	1563	1964	2024	2107	1870	1995
塞尔维亚	18143	19446	21573	21603	20788	20868
波黑	1399	1767	2173	2109	2426	2217
希腊	42188	43316	49658	41790	47585	51092

资料来源：忻红、李振奇：《中国—中东欧国家科技创新能力及科技合作研究》，《科技管理研究》2021年第9期。

如果按每千名研究人员的全职当量来计算，斯洛文尼亚最高，达到9.7。其次是希腊、捷克和爱沙尼亚，均在7以上。

表1.7　2013—2018年中东欧国家每千名研究人员全职当量总计表

(单位：FTE)

	2013年	2014年	2015年	2016年	2017年	2018年
保加利亚	3.6	3.9	4.3	4.9	4.5	4.9
捷克	6.4	6.7	7.1	6.9	7.2	7.5
爱沙尼亚	6.5	6.4	6.1	6.2	6.6	7.0
克罗地亚	3.5	3.2	3.3	4.2	4.2	4.4
拉脱维亚	3.5	3.7	3.5	3.1	3.5	3.5
立陶宛	5.7	6.0	5.5	5.7	5.9	6.1
匈牙利	5.7	5.8	5.5	5.5	6.1	6.7
波兰	3.9	4.3	4.5	4.8	6.2	6.4
罗马尼亚	2.0	2.0	1.9	2.0	1.9	1.9
斯洛文尼亚	8.6	8.4	7.8	8.1	9.0	9.7
斯洛伐克	5.4	5.4	5.2	4.4	4.8	5.9
黑山	1.6	1.6	1.9	1.6	1.6	1.6
北马其顿	1.5	1.8	1.9	1.9	1.6	1.7
塞尔维亚	3.9	4.1	4.6	4.6	4.5	4.4
波黑	0.6	0.7	0.9	1.1	1.2	1.2
希腊	6.1	6.3	7.3	6.2	7.4	7.8

资料来源：忻红、李振奇：《中国—中东欧国家科技创新能力及科技合作研究》，《科技管理研究》2021年第9期。

（四）中东欧国家科研成果产出情况分析

随着中东欧国家对科技投入的增加，科研组织规模不断扩大，科技产出数量也在增加。论文、专著等学术成果发表与专利的申请数量是衡量科研产出的重要指标，在一定程度上可以反映一个国家或地区的科研水平和能力。

一方面，中东欧学术成果发表数量持续增加。以科技期刊文章为例，根据世界银行的数据，2009年，中东欧（包含希腊）科技期刊文章发表数量①为83698.35篇，而到了2018年，这一数字增至106557.96篇，发文活跃度不断提高。其中，波兰增长最为显著，9年间发表科技论文数量增加11812.85篇，增幅近50%。黑山2009年发表科技论文73.23篇，2018年发表数量增至249.51篇，虽然限于国家规模，其绝对数量变化不大，但增幅却高达240.7%，位列中东欧国家发文增幅榜首。

另一方面，一个国家专利申请数量的多少能够反映出其对研发的重视程度。多数中东欧国家在专利申请方面有不同程度的改善与提升，联合国教科文组织统计研究所（UIS）数据库数据显示，中东欧国家（除阿尔巴尼亚外）专利申请量2017年为1168项，2018年增至1231项，专利总量有所增加。与此同时，有11个国家实现了申请数量的上升，表现出中东欧国家企业和其他科研主体积极的研发活跃度。

---

① 对于来自多个国家的合作机构的文章，每个国家根据其参与比例获得分数积分。

表1.8 2009—2018年中东欧国家科技期刊论文发表情况

(单位：篇)

	2009年	2010年	2011年	2012年	2013年	2014年	2015年	2016年	2017年	2018年
爱沙尼亚	1149.79	1400.31	1406.07	1501.17	1463.31	1690.56	1578.23	1555.17	1559	1414.72
立陶宛	2304.45	2359.5	2446.03	2285.45	2265.95	2492.17	2464.44	2306.22	2404.65	2267.3
拉脱维亚	711.61	817.22	1318.3	1200.72	1239.28	1171.05	1474.02	1390.79	1602.91	1417.73
匈牙利	6034.26	5910.15	6430.05	6519.56	6299.56	6728.01	6533.46	6473.35	6645.69	6700.92
捷克	11093.78	12562.6	13396.16	13812.95	14044.66	15432.41	16700.33	16604.51	16782.25	15576.6
波兰	23849.79	24753.55	25734.96	27969.55	30026.08	31773.31	33116.44	34838.68	34675.67	35662.64
斯洛伐克	3112.35	3567.05	3847.77	4225.7	4466.05	5007.44	5062.13	5492.66	5787.12	5321.6
斯洛文尼亚	3143.24	3172.78	3613.96	3534.43	3535.77	3501.8	3557.71	3357.55	3448.68	3206.15
阿尔巴尼亚	70.35	137.23	146.82	165.75	162.65	180.39	177.8	185.87	149.54	180.36
克罗地亚	3937.85	3863.66	4431.51	4294.02	4164.84	4014.91	4050.72	3966.92	4227.47	4276.9
保加利亚	2689.9	2627.76	2475.9	2656.48	2685.04	2676.19	2558.33	2557.01	2808.03	3311.27
罗马尼亚	9040.43	10370	10055.14	10287.1	10122.54	10073.39	10917.79	10511.4	11039.56	10345.01
波黑	443.34	482.17	539.74	540.99	486	482.98	568.22	568.38	724.8	703.79
黑山	73.23	108.55	140.31	159.29	194.71	204.37	224.17	243.51	284.38	249.51
塞尔维亚	3620.34	3988.03	4759.4	5879.6	5242.49	5052.69	4872.66	4982.05	4916.94	4523.42
北马其顿	320.87	357.19	459.9	475.58	479.95	543.06	548.28	510.01	498.61	493.05
希腊	12102.77	11994.49	11958.26	11924.42	11881.18	11664.94	11237.15	11156.77	10986.92	10906.99

资料来源：笔者根据世界银行（WB）数据自制。

表 1.9　　　2017—2018 年中东欧国家专利申请量情况　　（单位：项）

	2017 年	2018 年		2017 年	2018 年
希腊	110	115	波兰	330	335
保加利亚	50	60	罗马尼亚	31	28
捷克	184	180	斯洛文尼亚	99	116
爱沙尼亚	47	48	斯洛伐克	52	50
克罗地亚	35	40	黑山	1	8
拉脱维亚	26	31	北马其顿	2	6
立陶宛	30	37	塞尔维亚	19	20
匈牙利	147	153	波黑	5	4

资料来源：忻红、李振奇：《中国—中东欧国家科技创新能力及科技合作研究》，《科技管理研究》2021 年第 9 期。

二 中国与中东欧国家科技人才交流合作现状

随着中国综合国力的不断提升以及中国—中东欧国家合作机制的持续深化，中国同中东欧国家在科技人才交流领域的互动也在日益活跃。本部分将从多边与双边的视角，回顾中国与中东欧国家开展科技人才交流合作的历程与政策演进，总结双方科技人才交流合作的现状特征、形式特点与主要成就，掌握双方现有对接路径与制度条件，并以具体合作案例为切入点，总结双方人才交流新的趋势与变化，从而为推动双方科技人才交流合作模式与机制的优化奠定基础。

2012年以来，中国与中东欧国家不断加深相互了解，为双方开展创新合作提供了良好环境与契机。中国与中东欧国家科技创新合作及人才交流也为双方合作机制的建设与完善提供了新的驱动力。中国与中东欧国家结合自身特点、需求和优先方向，本着平等协商、优势互补、合作共赢的原则，在科技创新及人才交流领域不断拓展合作空间。

（一）合作优势领域

中东欧国家科技快速发展，为参与国际科技合作提供了条件。由于各国在科技发展过程中，只在某些领域具有一定的比较优势，这就需要国家之间通过科技合作实现优势互补，共同提升科技创新能力。

近年来，通过签署《中国—中东欧国家合作索非亚纲要》《中国—中东欧国家合作杜布罗夫尼克纲要》《中国—中东欧国家合作北京活动计划》，启动"中国—中东欧国家科技创新伙伴计划"，中国与中东欧国家不断完善科技合作机制，促进双方科技合作与人才交流。

纵览近年来各次峰会后发布的重要官方文件，中国与中东欧国家积极推动的科技创新合作主要集中在以下几个领域。一是与制造业相关的高新科技合作，中国与中东欧国家都属于以制造业为主体的出口外向型经济体，在数字化、智能化的新时代，加快传统制造业与新兴科技的结合是双方共同面对的重要课题。二是信息通信领域合作，中国和部分中东欧国家在该领域的技术优势不逊于欧美发达国家，强强结合可以为产业合作带来更大空间和机遇。三是风能、电能、水能和核能等清洁能源领域的合作，能源供应多元化和清洁能源消费比重提升是大多数中东欧国家面临的紧迫任务，而中国在这些领域拥有较为突出的技术和产能优势。

表2.1　　　　　中国—中东欧国家科技合作重点领域

	国际科技合作领域
保加利亚	可持续农业、食品和生物技术、信息与通信技术、健康与生物医学、菌种技术
捷克	汽车、机械、电子和信息通信、航空科技
斯洛伐克	汽车工业
爱沙尼亚	通信、环保、生命科学、IT和电信业
克罗地亚	建筑、造船和制药、电动汽车
拉脱维亚	环境保护、信息通信技术、生物医学、海洋科学、化工医药
立陶宛	制造业、生物技术、激光
匈牙利	生命科学、自然科学、工程技术、有机农业
波兰	通信和通信技术、能源科技、环境科技、材料科学、网络通信商务技术
罗马尼亚	农业和食品技术、能源、环境、纳米科技、生物、IT行业
斯洛文尼亚	材料技术、生物医学、医药化工
阿尔巴尼亚	农业
北马其顿	能源、新技术利用、信息科学与技术、农业食品、红酒酿造
塞尔维亚	信息通信技术、农业、医学医药、食品技术、环境科技、有机化工
波黑	新能源发电技术
黑山	橄榄油生产技术
希腊	能源、制造业、交通基础设施、环保、石油提炼技术

资料来源：中国—中东欧国家创新合作研究中心。

此外，中国与中东欧国家不仅在国家创新体系建设、科技创新政策制定等方面加强合作，而且积极推进科技合作网络建设，通过共同建设技术转移中心、联合科技研究实验室等，开展联合科技攻关。如2019年6月，深兰科技与希腊知名高等学府塞萨洛尼基亚里士多德大学签署了战略合作协议，根据战略合作协议，双方将共同建立联合实验室，在未来三年内将深兰的人工智能产品如熊猫智能公交车和AICITY解决方案本地化，以便在希腊众多城市中应用。依托不断丰富的科技合作网络，中国与中东欧国家科技合作范围得以拓展，人才交流互动也由此日益密切。

（二）顶层设计与平台搭建促进中国与中东欧国家科技人才交流

近年来，科技领域合作与人才交流得到中国与中东欧国家政府的高度重视，这反映在重要的官方文件中。2012年，中国—中东欧国家合作机制刚刚创立时，中方提出设立总额为100亿美元的专项贷款，重点使用方向就包含高新技术领域的合作项目。2013年，布加勒斯特峰会发布的《中国—中东欧国家合作布加勒斯特纲要》将环保、能源领域科技创新单独列为重点拓展的合作领域，该纲要鼓励环保科研院所之间建立伙伴关系和研究网络，支持环保专家、学者的交流互访，开展水、空气、固体废弃物管理等领域的合作研究项目，推动在环保产业、可持续消费与生产、环境标准认证领域的交流、合作与能力建设，实现在环保科技创新方面的互利共赢。另外，该纲要也鼓励中国与中东欧国家加强核电、风电、水电、太阳能发电等清洁电力领域的合作以及在自然资源保护和可持续利用、地质、采矿、空间规划方面的合作。在随后每年度峰会发布的纲要中，拓展科技创新领域合作都被作为单独部分得到高度重视。例如，2018年索非亚峰会后，各方宣布启动《中国—中东欧国家科技创新伙伴计划》；2019年，各方在杜布罗夫尼克峰会上积极肯定中国与中东欧国家在科技创新领域的合作潜力，并致力于进一步探索各国科技创新资源的交流互鉴，推动科研成果转化方面的合作。

2016年11月，首届中国—中东欧国家创新合作大会在中国南京正式召开，中国科技部部长万钢和中东欧国家科技主管部门领导共同揭牌启动了中国—中东欧国家技术转移中心（VTTC）。2017年，在第二届中国—中东欧国家创新合作大会上，斯洛伐克教育、科学研究和体育部与中国有关部门共同启动了中国—中东欧国家虚拟技术转移中心网站，这一网站致力于强化中东欧国家科技创新资源的线上对接，集成各国各类创新资源。2018年，第三届中国—中东欧国家创新合作大会发布《中国和中东欧国家创新与技术合作联合宣言》，中国与中东欧国家达成了48个初步合作意向，6个签约项目。2019年10月，第四届中国—中东欧国家创新合作大会在塞尔维亚举行，仅中塞之间就签署了12项合作协议，涉及医药、环境保护、智慧城市和共建实验室等多个领域。

除了创新合作大会这样以搭桥梁、促合作为主要目的的交流平台外，中国与中东欧国家还积极筹建诸多专业领域、特定方向的创新合作机制。例如，罗马尼亚于2017年设立能源项目对话和合作中心，致力于加强各国企业、政府、学术机构、法律机构等共享经验和信息，助推彼此在能源领域的合作。2018年，第七次中国—中东欧国家领导人会晤期间，各方探讨了在塞尔维亚成立中国—中东欧国家创新能力建设工作组的可行性。2019年，各方又提出设立中国—中东欧国家信息通信技术协调机制、中国—中东欧国家智慧城市和中国—中东欧国家区块链中心等诸多意向。[①]

此外，中方还积极参与中东欧国家举办的各类科技展览活动。例如，2014年，波兰波兹南环保科技展览会举办中国—中东欧国家合作专场活动；2016年，

---

① 龙静：《中国与中东欧国家在"一带一路"上的创新合作》，《欧亚经济》2020年第4期。

中国以伙伴国身份出席在捷克布尔诺举行的国际机械博览会等。上述合作平台的搭建标志着以政府助推为动力，倡导开放包容、互利共赢的新型科技伙伴关系正在中国与中东欧国家之间逐步形成。

（三）多边与双边网络促进中国与中东欧国家科技人才交流

从多边层面来看，中欧科技合作框架对中国与中东欧科技创新合作及人才交流发挥了重要的推动作用。1998年，中国与欧盟正式签署《中欧科技合作协定》，2004年、2009年、2014年三次续签，确立了欧盟研发框架计划与中国高技术研究计划、基础研究计划向彼此开放的工作原则。同时，中欧合作框架进一步完善。2009年，双方签署《中欧科技伙伴关系计划》，2012年，发布《中欧创新合作对话联合声明》，2013年，启动中欧高级别创新合作对话（ICD），2015年，推出中欧科研创新联合资助机制（CFM），标志着中欧科技合作又上一个新台阶。2017年，双方签署《2018—2020年度中欧研究创新旗舰合作计划和其他类研究创新合作项目的协议》，发布食品、农业和生物技术、环境和可持续城镇化、地面交通、航空、环境与健康生物技术6个科技创新旗舰领域和健康、海洋、智能绿色制造、新一代信息通信技术等9大优先支持领域。中国与中东欧国家的科研人员受益于此，共同开展联合科技研发。

具体而言，如中国科学院牵头组织波兰科学院、匈牙利科学院等37家成员单位共同成立了首个综合性国际科技组织——"一带一路"国际科学组织联盟（ANSO）。2017年，"一带一路"科技创新行动计划正式启动，中国—克罗地亚生态保护国际联合研究中心等8家国际联合研究中心建设启动或得以推进，中国—中东欧国家技术转移虚拟中心等5个国际技术转移中心得以建立。

从平台建设上看，中国—中东欧国家科技创新合作主要通过中国—中东欧国家创新合作大会、中国—中东欧国家创新伙伴计划等合作机制推进。首届中国—中东欧国家创新合作大会于2016年11月在中国南京举行，此后每年举行一届，2020年受新冠肺炎疫情影响暂停一年，迄今为止已成功举办四届。在中国—中东欧国家创新合作大会正式举办前，双方自2013年起开始召开科技创新合作主题论坛，如2013年的中国—中东欧国家科技与创新合作论坛，2014年、2015年的中国—中东欧国家创新技术合作及国际技术转移研讨会。2018年，"中国—中东欧国家科技创新伙伴计划"正式启动，旨在进一步加强科技创新政策对话，共同建设中国—中东欧国家技术转移中心和"一带一路"联合实验室，开展联合研发合作，实施科技人文交流行动，开展科普合作与交流活动。

从双边层面来看，早在20世纪90年代，中国便已与多个中东欧国家签有双边政府间科技合作协定。进入21世纪以后，捷克、拉脱维亚、匈牙利、保加利亚等国先后与中国重签了协定。中国先后与波兰、捷克、匈牙利、斯洛伐克等12个中东欧国家建立了政府间科技合作委员会例会机制，创立政府间科技合作计划项目，加强政策对话，扩大科研人员交流合作。据不完全统计，自2012年中国—中东欧国家合作机制启动以来，中国与12个中东欧国家先后举行了38次双边政府间科技合作委员会例会，创立30余项双边政府间联合研发项目及400余项政府间科技合作计划项目或人员交流项目。在已经建立科技合作委员会例会机制的12个国家中，中国先后与捷克、匈牙利、斯洛伐克、塞尔维亚4个国家确立了双边联合资助机制，双边政府共同为联合研究项目提供资金资助。[1]

---

[1] 张海燕、徐蕾：《中国与中东欧国家科技创新合作的潜力与重点领域分析》，《区域经济评论》2021年第6期。

（四）中国与中东欧国家开展科技人才交流合作案例

中国—中东欧国家合作机制自 2012 年开展以来，中国与中东欧国家相互了解不断加深，为双方开展科技人才交流合作提供了新的驱动力。目前，双方在中央以及地方层面开展多种合作，不断夯实创新合作基础。

案例一　波黑——卫生领域的人才交流合作

自首届中国—中东欧国家卫生部长论坛于 2015 年在捷克首都布拉格举行后，中国在中东欧人文交流专项奖学金框架内提供了 200 个名额，用于资助中东欧各国学生及卫生工作者来华进行医学类专业学习。从 2016 年以来，在"一带一路"项目中，设立卫生专项基金，支持开展卫生合作项目。2016 年 6 月，中国与中东欧国家医院合作联盟成立，联盟成立以来，在开展交流互访、举行学术活动、推动技术交流与人才培养等方面成绩显著。[①]

在百年变局与新冠肺炎疫情交织的时代背景下，

[①] 吴白乙、霍玉珍、刘作奎编：《中国—中东欧国家合作进展与评估报告（2012—2020）》，中国社会科学出版社 2020 年版，第 23 页。

将公共卫生领域的合作作为双方合作的优先领域，在防疫物资和疫苗、防疫技术及人才培养方面给予了中东欧国家坚定的支持。

2020年4月，受中国国家卫生健康委员会委托，中国驻波黑大使季平与波黑民政部长古德列维奇签署《中华人民共和国卫生健康委员会和波黑民政部卫生和医学科学领域合作谅解备忘录》（以下简称"合作备忘录"）[①]。季平表示，当前新冠肺炎疫情正在全球肆虐，中波此时签署卫生和医学科学领域合作备忘录具有重要现实意义，将为双方加强在卫生和疾病防控、医学教育和科研、传统中医药等领域合作提供政策基础。古德列维奇祝贺中国抗击疫情取得显著成果，并表示，中方在此时同波方签署合作备忘录，表达了对波黑抗击疫情的坚定支持，波方对此深表感谢。在波黑医学人才紧缺的背景下，该合作备忘录的签署将为波中医学科研人员交往奠定基础，有力促进两国卫生领域合作。

合作备忘录签署后，应波黑民政部请求，由中国国家卫生健康委员会与中国驻波黑使馆举办了新冠肺炎防治专家视频交流会。40余名波黑医疗卫生系统的

[①] 《中国与波黑签署卫生和医学科学领域合作谅解备忘录》，新华社，2020年4月3日，http://www.gov.cn/xinwen/2020-04/03/content_5498679.htm。

专家、学者与会，围绕新冠肺炎的预防及治疗与中国专家进行了深入交流。北京大学第一医院呼吸内科主任王广发在视频会上介绍了中国防治新冠肺炎的经验。他运用大量一手数据、图表，就成人与儿童重症病例的预判、病患与密切接触者的管理、新冠肺炎的治愈及出院标准、无症状感染、患者心理干预、医护人员的自我防护等问题进行了详细介绍。波黑萨拉热窝州急救中心医生加夫拉诺维奇表示，"中国的经验和知识对波黑非常有用、及时，我们会在今后的工作中参照使用。中国专家的报告非常全面，波方专家提出的问题都得到了解答，希望今后还有这样的交流机会"[1]。

案例二　克罗地亚——绿色产业人才交流合作

目前，克罗地亚规模最大的风电场的投资者和建设者是中国北方国际合作股份有限公司（以下简称"北方国际"）。2017年年底，北方国际收购克罗地亚能源项目股份公司76%的股权，并获得塞尼风电项目建设权和25年运营权。项目包括39台单机容量4兆瓦的风力发电机组及配套设施。塞尼附近有克罗地亚著名风区，被称为"布拉风"的亚得里亚海特有重力

---

[1]《中国与波黑举行新冠肺炎防治专家视频交流会》，新华社，2020年4月28日，http://www.gov.cn/xinwen/2020-04/28/content_5507102.htm。

风常光顾此地，冬季最高风速可达每小时 200 千米。良好的风电条件意味着安装难度较高，施工常常需要抢在恶劣天气的间隙进行。

2021 年 12 月，塞尼风电项目顺利完工和成功并网发电，作为迄今中国在克罗地亚投资最大的合作项目，塞尼风电项目是中克和中东欧绿色合作的典范，对克罗地亚提高清洁能源生产消费发挥着重要作用。项目建设过程中为当地培养了许多工程、技术和管理人才，带动了当地企业发展，增加了就业和税收，促进了当地经济社会发展。当前，克罗地亚政府的重要战略和目标之一就是低碳发展和增加清洁能源供应。塞尼风电项目占克罗地亚总发电量将达 3.5%，对克罗地亚实现 2022 年可再生能源比例 30% 的目标具有很大帮助。

塞尼风电项目是目前中资企业对克罗地亚最大投资项目和首个清洁能源发电合作项目，总投资近 2 亿欧元，也是当地投入运营最大的风电机组（共 156 兆瓦），主要设备由中国制造并取得欧盟认证。预计正式运营后，每年可贡献 5.3 亿度绿色电力，减少二氧化碳排放约 46 万吨。

案例三　斯洛文尼亚——历史促进双方科技交流合作

1703 年，斯洛文尼亚科学家刘松龄（Augustin von

Hallerstein）在首都卢布尔雅那出生，他 1721 年在奥地利教区加入耶稣会，1736 年启程前往远东传教，1739 年来到中国。同年他获准到北京从事历算工作，1743 年升任钦天监的监副，1746 年被授予清代钦天监监正，1774 年去世。1744 年 11 月 30 日，乾隆帝视察观象台，认为浑仪符合中国的传统，而西法在刻度方面占有优势。于是，和硕庄亲王允禄等人奏请制造符合乾隆帝意愿的仪器，当年 12 月 24 日即获皇帝批准。到 1752 年 1 月，刘松龄终于主持制成一架中西合璧的大型浑仪。该浑仪由乾隆帝赐名为玑衡抚辰仪，它至今还安装在北京观象台。刘松龄沿用了比利时耶稣会科学家南怀仁（Ferdinand Verbiest，1623—1688 年）为北京观象台制造仪器时选用的欧洲刻度体系，即将仪器环划分为 360°，以便按照欧洲的方法进行观测和计算。玑衡抚辰仪主要汇集了两类知识：一类是中国传统的浑仪设计、铸铜工艺和龙形支撑结构；另一类是欧洲的仪器刻度和螺栓连接方法。因此，玑衡抚辰仪称得上是中西文化的"混血儿"。

2017 年 7 月，中国科学院院长白春礼访问斯洛文尼亚科学与艺术院，将两院合作关系推向更高层次。为纪念刘松龄和中国与斯洛文尼亚两百多年的科学交流史，白院长与巴伊德院长一致同意制作玑衡抚辰仪的复制品。2019 年 1 月，中国科学院代表团访问斯洛文尼亚科学与艺术院，并向该院赠送清代天文仪器复制品。1月28日，张亚平副院长和斯洛文尼亚科学与艺术院巴伊德（Tadej Bajd）院长共同为仪器复制品揭幕。[①]

在此背景下，中国与斯洛文尼亚在天文学、物理学领域交流频繁，科技合作已经成为双方合作的重要部分。2016年，斯洛文尼亚总统波鲁特·帕霍尔支持中科曙光公司在斯洛文尼亚的新戈里察设立了云计算中心，中科曙光公司与斯洛文尼亚的Arctur公司还分别在北京和卢布尔雅那建立联合实验室。

2018年，斯洛文尼亚科学与艺术院作为发起成员，加入了"一带一路"国际科学组织联盟（ANSO）。2021年，斯洛文尼亚驻华大使苏岚到访中国科学院、合肥物质科学研究院等离子体所，等离子体所所长宋云涛指出，等离子体所与斯洛文尼亚约瑟夫斯特凡研究所正在开展合作研究意向交流，同时在超导技术医疗领域的衍生应用方面，等离子体所与斯洛文尼亚的相关公司也开展了一定的合作，双方发挥优势，共同促进，未来将携手在核聚变领域及超导技术应用方面继续探索深化科技合作。

---

① 《中国科学院向斯洛文尼亚科学与艺术院赠送清代天文仪器复制品》，中国科学院国际合作局，2019年2月1日，http://www.bic.cas.cn/gjhzdt/201902/t20190201_4678926.html。

案例四 匈牙利——跨境创新技术产业化平台

中国—匈牙利技术转移中心（重庆）是中国与匈牙利政府有关机构搭建的第一个中匈官方技术转移平台，也是贯彻落实中国"一带一路"倡议和匈牙利"向东开放"国策的具体举措。2020年12月4日，国家科技部印发的《关于加强科技创新促进西部大开发形成新格局的实施意见》提出，要"积极推进中巴、中阿、中匈技术转移中心建设"。2021年2月9日，习近平主席主持召开中国—中东欧国家领导人峰会期间，中国—匈牙利技术转移中心（重庆）项目被列入《中国—匈牙利共建"一带一路"优先合作项目清单》。

（1）成立背景

2016年11月4日，重庆高技术创业中心主任段拉卡与匈牙利宝依·佐尔坦应用研究非营利责任公司（Bay Zoltán Nonprofit Limited）总裁格拉舍利·诺勃特，代表双方签署了《中国—匈牙利技术转移中心（重庆）成立宣言》。

2017年5月16日，在重庆市副市长刘桂平、匈牙利外交与对外经济部部长西雅尔多·彼得等领导的共同见证下，中国—匈牙利技术转移中心（重庆办公室）正式揭牌；2017年11月30日，在匈牙利国家研究发展创新办公室创新与总务部副部长莫扎帕特·瑞尔特、匈牙利外交与对外经济部副国务秘书朱托拉·瑞尔特、中国驻匈牙利大使馆科技组组长雷红梅等官员见证下，中国—匈牙利技术转移中心（布达佩斯办公室）正式揭牌。

（2）机构特色

1. 海内外协同工作体系

中匈技术转移中心是通过"政府搭建平台，专业机构服务"的工作机制，分设重庆和匈牙利办公室来推动两地科技人才、技术、资本和产业化转移转化的一种"点对面"的技术转移模式，探索"以台铺面、以链成线、多点落地"的方针，推进国际技术转移工作新常态。该中心重庆办公室在重庆市科学技术局指导下，由重庆市科学技术研究院下属的重庆高技术创业中心负责运营；布达佩斯办公室则由匈牙利国家贸易署和国家技术与创新部下属的顶尖应用研究机构——宝依·佐尔坦应用研究非营利责任公司负责运营。

该中心的建立是两国在共建"一带一路"及"中国—中东欧国家科技创新伙伴计划"框架下的务实合作，为两国科技创新合作创造了良好条件。2020年，中匈技术转移中心被列入国家首批《中国—匈牙利共建"一带一路"优先合作项目清单》，成为下阶段中匈共建"一带一路"的合作重点。

2. "一站、两库、三系统"服务平台

中匈技术转移中心秉持共商共建共享原则，广泛联合中匈双方政界、学界、商界、科技界，以"互联网+"的理念构建覆盖多领域的中匈技术转移协作网络，凝聚和培养专业化的技术转移机构和人才队伍，搭建高效务实的综合性跨国技术转移信息服务平台，深入挖掘中匈双方的国家战略发展需求，为中匈企业及相关机构间开展成果转移转化等提供专业化配套服务。

中匈技术转移中心构建了"一站、两库、三系统"（一个网站，项目和人才两个数据库，远程会议、在线翻译和知识产权查询三个系统）线上服务平台和线下服务基地。该中心线上服务平台"中国—匈牙利技术转移综合信息平台"提供项目与需求发布、线上对接等多种功能；线上项目库现有技术供应114项、技术需求126项；线上专家库包括医药卫生、环境保护、交通城建、电子信息等14个领域的中方专家40人，匈方专家6人。

3. 积极推动国内地方合作

中匈技术转移中心同样注重与国内各地方技术转移服务机构建立合作，近年来陆续与云南省科学技术情报研究院（中国—南亚技术转移中心）、四川省成都生产力促进中心、兰州大学（甘肃）和贵州省生产力促进中心等达成合作，初步建成中国西部地区面向匈牙利的国际科技合作区域协作网络，成为中国区域国际技术转移创新体系的重要组成部分。在国家科技部2020年12月印发的《关于加强科技创新促进新时代西部大开发形成新格局的实施意见》中，特别提出要实施西部地区科技成果转移转化行动、积极推进中匈技术转移中心，从而发挥西部地区区位优势，联动"一带一路"国际科技合作平台网络建设。

2021年10月，中匈技术转移中心与烟台新旧动能转换研究院等签署了《关于共建中匈山东技术转移中心的战略合作协议》，将面向匈牙利的国际科技合作协作网络从中国西部地区辐射到华东地区。

（3）工作成效

作为中国与匈牙利政府有关机构搭建的第一个官方技术转移平台，中匈技术转移中心围绕两国经济社会发展需求，为两国企业及相关机构间开展科技人才、创新技术、产业资本交流对接和科技成果转移转化等提供专业化配套服务。截至目前，该中心累计举办了9场大型中匈项目对接会；组织了各类洽谈合作100余次；帮助70余个项目成功对接；促成20个项目合作签约，其中有10个合作项目落地实施；连续四年独家承办"智博会"匈牙利国家馆的组展和布展工作，共组织108家匈牙利有关企业和机构参展；连续五年促成匈牙利外交与对外经济部部长、国会副议长、创新与技术部部长、驻华大使等高层政要来渝访问，共商科技合作。

为减轻和克服新冠肺炎疫情影响，自2020年3月复工以来，中匈技术转移中心采用线上线下相结合的方式，稳步推进中匈两国的科技交流与合作。线上方面，该中心通过远程协同会议系统，共组织了34场视频对接活动，还与四川的共建单位——成都生产力促进中心联合举办了两期"国际双城链云对接"匈牙利专场活动，组织9个重点匈牙利科技项目进行了路演、10个项目进行了展播。线下方面，该中心组织了15次点对点的现场对接活动，包括2020年举办的"匈牙利投资暨创新项目推介会"，其通过华龙网直播，点击率突破30万；2021年4月，举办了"中国（成渝地区）—匈牙利创新合作大会"，匈牙利驻华大使白思谛先生出席大会并致辞，匈牙利创新与技术部部长拉兹洛先生通过线上致辞，促成8项中匈合作项目集中签约，27个匈牙利和成渝地区创新成果在会上推介和对接；还邀请到了捷克和波兰驻成都总领事馆总领事赴渝研讨V4国（匈牙利、波兰、捷克、斯洛伐克）与成渝地区加强区域性创新合作的相关事宜。

案例五 中国宁波——聚焦中东欧国家青年科技人才

（1）建设国际化综合性科技人才服务平台

宁波中东欧创新基地于2020年6月在宁波余姚正式揭牌成立，分别在中国宁波和匈牙利布达佩斯设立常驻机构，以中东欧为核心，连接全欧洲，畅通国际科技人才组织引进渠道。该创新基地由民营企业浙江赛创未来有限公司进行市场化运营，是宁波国际招才引智的创新举措。下一步将充分挖掘发挥创新基地的平台资源优势，谋划推动欧洲创新与技术研究院（EIT）在甬设立分支机构。

（2）承办国际科技会议及科学家论坛

中国科学院宁波材料技术与工程研究所（简称"宁波材料所"）充分发挥已引进顶尖科学家的自身影响力，通过定期主办"一带一路"世界青年学者论坛、有机光电材料与器件国际会议等学术活动的方式，构筑常态化国际人才智力项目合作交流平台。例如2021年5月，第四届"一带一路"世界青年学者论坛邀请了来自欧美等10余个国家的98位专家进行深入研讨交流。该论坛自2018年开始举办，已吸引50余位优秀青年学者扎根宁波发展，是宁波搭建全方位、多层次、专业化汇才聚智的载体。

（3）鼓励科学家在国际组织任职及创办国际期刊

宁波大学将参与国际科技人才组织活动、国际学术期刊任职情况等纳入教师年终考核指标体系，提高专家学者融入国际科技人才组织、参与全球学术科研交流的积极性。通过拨付专项经费、代付会员费等方式，支持专家学者积极加入国际科技人才组织，同时密切联系国内外知名高校出版社、学术协会，推动本校专家学者自主创办国际期刊，发挥全职引进的院士资源优势，吸引高质量论文投稿，逐步提高期刊国际影响力。

案例六　中国江苏——聚焦中东欧国家创新合作

2016年11月8日，首届中国—中东欧国家创新合作大会在南京开幕，时任全国政协副主席、科技部部长万钢在致辞中指出，中国—中东欧国家科技创新合作正站在新的历史起点上，领域广阔，前景光明。他希望与会嘉宾能在各专题论坛上深入交流，为推进以人为本的科技创新事业发展群策群力、贡献智慧，为中国—中东欧国家科技创新合作添砖加瓦。期待大会能在更多的中东欧国家举行，使各方科技创新合作更加可持续、更加富有前瞻性，不断构建开放包容、互利共赢的新型科技伙伴关系。

大会开幕式上，中国和中东欧国家共同发布了《中国—中东欧国家创新合作南京宣言》，并为"中国—中东欧国家虚拟技术转移中心"揭牌。《中国—中东欧国家创新合作南京宣言》认为，鉴于中国—中东欧国家合作在"一带一路"建设与中东欧各国发展战略对接中的巨大合作潜力，希望各成员国发挥各自优势和产业特点，加强产业技术创新合作，为国际产能合作提供支撑和服务。各成员国同意以中国—中东欧国家创新合作大会为平台，共同致力于建设具有知识产权保护制度的创新生态体系，加快新技术推广应用，促进成熟技术、科技成果转化，遵循优势互补共同发展原则，共建联合科技合作载体，促成关键领域的科技研发、成果转化及深度应用，开展技术转移培训，提升科技创新服务能力，提高科技服务业人员素质，形成中国—中东欧国家创新合作大会和中国—中东欧国家青年创业大赛研讨会等活动的长效机制。

首届中国—中东欧国家创新合作大会由科技部主办，江苏省科技厅承办，主题为"'一带一路'开放创新、'互联互通'长效合作"。时任科技部副部长阴和俊主持大会开幕式，外交部中国—中东欧国家合作事务特别代表霍玉珍、时任江苏省人民政府秘书长王奇等出席。来自中国及中东欧国家政府科技创新主管部门以及科技界、企业界、学术界的300余名代表出席开幕式。大会期间，还举行大会合作论坛、青年创新创业交流会、创新合作研讨会、一对一洽谈、高科技园区考察交流等活动。

2017—2019 年，中国—中东欧国家分别在斯洛伐克、波黑以及塞尔维亚举办了三届创新合作大会，为中国与中东欧国家的企业、研究机构提供了面对面寻找创新合作的机遇。中国—中东欧国家创新合作大会搭建了中国与中东欧国家在不同层级、不同领域的常态化创新平台，推动了中国与中东欧国家的政府间科技合作委员会例会的顺利运行。

案例七　波兰——产学研人才交流

中波两国科技创新合作及人才交流随着中国—中东欧国家合作机制的深入开展获得了广阔的平台，两国在农业、矿业安全、化工、机械、电子、通信、医学等传统领域的合作交流不断深化，在绿色移动、生物医药、新材料、清洁能源、空间等新领域的合作交流进一步拓展。

在政府间合作机制的基础上，中波双方通过两年一次的中波科技合作委员会例会积极探讨进一步深化双边科技合作的新机制，特别是就共同资助产学研结合的研发项目、促进研究成果产业化达成共识。截至 2019 年，中波科技合作委员会已经举行了 37 届例会。根据《中国—中东欧国家合作布加勒斯特纲要》，中国科技部在上海成功举办了首届中国—中东欧国家促进创新技术合作及国际技术转移研讨会，波兰国家研发中心和雅盖隆大学分别选派了两位代表参会。2015年11月23—27日，波兰总统杜达对中国进行国事访问并出席中国—中东欧国家领导人会晤。加强高新科技领域的合作是杜达总统访华主题之一，中波签署了共同推进"一带一路"建设的谅解备忘录等多份重要合作文件。2016年6月20日，习近平主席同波兰总统杜达举行会谈，双方一致同意建立中波全面战略伙伴关系。2019年上半年，中波政府间共同资助的联合研发项目和基础研究项目的首轮征集和评审工作均已完成。这两类合作项目的开展在中波科研合作上均属首次，两国的相关科研单位和研究人员踊跃申请。

中波两国的地方省市以及研究机构、大学、科技创新型企业也积极开展科技合作。2013年7月，中国长城工业集团公司中标承接波兰小卫星搭载发射项目，是中波在空间领域的首个合作项目。华为技术有限公司与华沙大学签署了共建创新科学数据中心的协议。创新科学数据中心将在大数据、云计算、高效运算和数据分析领域开展合作。柳工瑞斯塔机械有限公司与波兰国家研发中心签署了合作备忘录，在波兰建立欧洲研发中心。中国安检设备生产商同方威视华沙公司成为波兰首个高科技绿地投资公司。TCL集团欧洲研发中心在波兰华沙揭牌成立，主攻人工智能算法技术。2019年9月9日，上海—华沙人工智能科学联合实验室揭牌仪式在华沙理工大学举行,这是中波间首个人工智能科学联合实验室。①

此外,中国国家自然科学基金委员会与波兰国家科学中心(National Science Center)签订协议,资助两国之间的科学交流与合作研究,2018年征集来自中国各层次高校的项目达252项。同时,政府、企业和高校合作,共同搭建科研合作平台。2018年,TCL在波兰成立欧洲研发中心,同华沙理工大学、华沙大学等开展合作,加速技术成果转化和落地应用;华为与波兰高等教育部、数字化部和十几所高校合作启动了"未来种子"(Seeds for the future)项目,培养波兰年轻的IT人才。

---

① 贾瑞霞:《中国与中东欧国家创新合作的基础与路径》,《科学管理研究》2020年第6期。

三 中国与中东欧国家科技人才交流潜力与发展障碍分析
——基于中东欧国家面板数据*

当前百年变局与全球新冠肺炎疫情叠加,世界各国共同面对众多风险挑战,发挥科技创新的支持引领作用是经济社会高质量发展、自然生态环境不断改善、人类生命健康永续的重要路径。作为共建"一带一路"合作重要区域,中国始终致力于与中东欧国家开展广泛而深入的科技合作,持续搭建科技人才论坛交流平台,加快建设创新共同体,推动科技人才达成互惠发展、创新成长的共识。2013年以来,中国—中东欧国家合作纲要连续八年涵盖科技创新合作。同时,中国与塞尔维亚等国在科技规划编制、技术培训班、国家科研项目专家评审等领域积极探索合作模式,进一步夯实交流互信基础,也与捷克、罗马尼亚、克罗地亚、希腊、斯洛文尼

---

* 鉴于立陶宛已于2021年5月宣布退出中国—中东欧国家合作,本章实证分析不包含立陶宛。

亚、匈牙利等国家共建了8家"一带一路"联合实验室，能源、生命健康、农业、信息技术、环境和交通等领域合作日渐丰富。因此，充分挖掘中国与中东欧国家科技人才交流合作潜力，既是满足各国获取科技创新资源的有益措施，也是在全球科技竞争日趋激烈的背景下增进各国民生福祉的有效探索。

目前，国内外学者对中国与中东欧的双向交流主要聚焦于贸易投资互补。张秋利等发现，中国与中东欧国家在贸易产品上呈现出低竞争性和高互补性，较为集中于波兰、捷克、匈牙利，为中国提供有利的出口空间。[1] 张述存等认为，随着中国—中东欧国家合作机制的不断深入，中国对中东欧的直接投资效率显著上升，逐步加大对中东欧的市政建设和交通基础设施投资，以及重型机械、电器、信息通信、汽车等领域的投资，其中斯洛伐克、斯洛文尼亚、爱沙尼亚、捷克的投资效率最高，而波黑、北马其顿、阿尔巴尼亚

---

[1] 张秋利：《中国与中东欧国家货物贸易互补性研究》，《山西大学学报》（哲学社会科学版）2013年第3期；龙海雯、施本植：《中国与中东欧国家贸易竞争性、互补性及贸易潜力研究——以"一带一路"为背景》，《广西社会科学》2016年第2期；曲如晓、杨修：《"一带一路"战略下中国与中东欧国家经贸合作的机遇与挑战》，《国际贸易》2016年第6期；侯敏、邓琳琳：《中国与中东欧国家贸易效率及潜力研究——基于随机前沿引力模型的分析》，《上海经济研究》2017年第7期；李敬等：《"一带一路"沿线国家货物贸易的竞争互补关系及动态变化——基于网络分析方法》，《管理世界》2017年第4期。

还有较大的改善空间。① 然而，国内外学者偏向于从整体宏观层面分析中国与中东欧国家科技创新合作的需求、基础、特点②，对于从人力资源维度探究中国与中东欧国家科技创新合作潜力的研究还较为匮乏，也缺少对实际科技人才交流工作具有指导意义的可操作性措施。

本部分的主要贡献在三方面：一是从政治交流、技术合作、教育互动、文化相融、贸易共赢、投资互促六个角度，构建中国—中东欧国家科技人才交流潜力指标体系，多层次、全方位衡量中国与中东欧国家科技人才交流基础、特征，为中国—中东欧国家科技合作量化测量奠定理论基础；二是利用动态因子分析法克服客观赋权评价法无法开展动态评价的缺陷，将时间序列分析与主成分分析相结合，测量了中东欧国家与中国科技人才交流潜力及其动态变化趋势，实现了多主体的动态评价，显著改善了中国与中东欧国家

---

① 张述存：《"一带一路"战略下优化中国对外直接投资布局的思路与对策》，《管理世界》2017年第4期；刘永辉、赵晓晖：《中东欧投资便利化及其对中国对外直接投资的影响》，《数量经济技术经济研究》2021年第1期。

② 吕瑶：《中国与"一带一路"中东欧国家创新国际化发展及模式比较》，《经济问题探索》2019年第9期；龙静：《中国与中东欧国家在"一带一路"上的创新合作》，《欧亚经济》2020年第4期；忻红、李振奇：《中国—中东欧国家科技创新能力及科技合作研究》，《科技管理研究》2021年第9期；张海燕、徐蕾：《中国与中东欧国家科技创新合作的潜力与重点领域分析》，《区域经济评论》2021年第6期。

科技交流合作现状分析的准确性与合理性，为中国—中东欧国家长期合作提供了现实依据；三是利用突变理论与模糊数学相结合的突变模糊隶属函数，改进障碍因子诊断模型，深入剖析中东欧各国与中国科技人才交流发展的障碍因素，进一步细化国别重点研判领域，为中国在中东欧国家开展人才战略布局提供新思路、新方向。鉴于新冠肺炎疫情使得人才交流面临极大限制，为了避免这种极端外部因素对于实证分析的干扰，本章将以2010—2019年的相关数据为样本，力求呈现出更具常态特征的量化关系，从而为把握后疫情时代人才交流趋势提供更具参考性的数据支持。

（一）中国与中东欧国家科技人才交流潜力水平测算

1. 中国—中东欧国家科技人才交流潜力指标体系构建

本部分在参考邵景波等的研究的基础上，[1]遵循指标选取的可获得性、科学性、系统性原则，分别从政治交流、技术合作、教育互动、文化相融、贸易共赢、

---

[1] 邵景波、李柏洲、周晓莉：《基于加权主成分TOPSIS价值函数模型的中俄科技潜力比较》，《中国软科学》2008年第9期；霍宏伟等：《中美科技人才交流形势分析与对策》，《科技进步与对策》2014年第10期。

投资互促六个层面挑选出29个指标，构建中国—中东欧国家科技人才交流潜力指标体系，进而综合、科学衡量中东欧国家与中国科技人才交流的发展趋势，具体指标体系见表3.1。

本部分研究数据来源于2011—2020年《中国科技统计年鉴》《世界华文教育年鉴》《中国贸易外经统计年鉴》《中国商务年鉴》《中国外交》、中国—中东欧国家合作纲领以及世界贸易组织（WTO）、联合国贸易和发展会议（UNCTAD）以及欧洲统计局（Euro-stat）等。

2. 动态因子分析法

本部分借鉴Federici等的研究，[①] 采用动态因子分析法（Dynamics Factor Analysis）的双因素方差模型测量2010—2019年中东欧国家与中国科技人才交流潜力，具体如下：

$$U = U_t^* + (U_{it} + U_i) = U_t + U_t^* \quad (1)$$

其中，U为样本总体的方差和协方差矩阵；U_{it}是样本各时期平均的方差和协方差矩阵，表明样本独立于时间变量的相对结构变化；U_t^*为各时期平均协方差矩

[①] A. Federici, A. Mazzitelli, "Dynamic Factor Analysis with STATA", 2nd Italian Stata Users Group meeting, Milano, 2005；姜峰、段云鹏：《数字"一带一路"能否推动中国贸易地位提升——基于进口依存度、技术附加值、全球价值链位置的视角》，《国际商务》（对外经济贸易大学学报）2021年第2期。

表 3.1　　　中国—中东欧国家科技人才交流潜力指标体系

目标层	中间层	指标层
科技人才交流潜力	政治交流 政策机制（M1）	两国政治合作措施及活动数量（X1）
	政治交流 双边关系（M2）	两国国家领导人互访次数（X2）
	技术合作 合作效益（M3）	两国科技交流活动次数（X3）
		中国从国外技术引进合同数（X4）
	技术合作 发明创造（M4）	中国在中东欧国家专利申请受理发明专利数（X5）
	教育互动 留学生流动（M5）	短期接受高等教育的中国学生数（X6）
		获得本科及同等学力的中国学生数（X7）
		获得硕士及同等学力的中国学生数（X8）
		获得博士及同等学力的中国学生数（X9）
	教育互动 人才培养（M6）	学习中文的中东欧国家学生数（X10）
		中东欧国家华文教育示范学校数量（X11）
	文化相融 机制性交流（M7）	两国文化互动活动次数（X12）
	文化相融 文化传输（M8）	中国对中东欧国家文化产品出口额（X13）
		中国对中东欧国家文化产品进口额（X14）
	贸易共赢 人员使用（M9）	中东欧国家在中国设立的科技子公司员工数（X15）
		中国通过经济活动控制的中东欧国家科技企业员工数（X16）
		两国经贸合作活动次数（X17）
	贸易共赢 旅游服务（M10）	中国对中东欧国家旅游服务出口额（X18）
		中国对中东欧国家旅游服务进口额（X19）
	贸易共赢 知识产权服务（M11）	中国对中东欧国家知识产权服务出口额（X20）
		中国对中东欧国家知识产权服务进口额（X21）
	贸易共赢 其他商业服务（M12）	中国对中东欧国家其他商业服务出口额（X22）
		中国对中东欧国家其他商业服务进口额（X23）
	投资互促 资本利用（M13）	中国科技企业对中东欧国家企业并购数（X24）
		两国基础设施建设项目数（X25）
		中国对中东欧国家直接投资存量（X26）
		中国实际利用外资数（X27）
	投资互促 人员往来（M14）	中国在中东欧国家从事承包工程人员数（X28）
		中国在中东欧国家从事劳务合作人员数（X29）

阵；U_i 为单独样本的动态差异矩阵，反映单独样本动态变化与总体样本平均动态变化之间的差异；U_t 反映线性回归模型的动态变化，回归方程为：

$$\overline{z_{\cdot iT}} = \beta_i T + \gamma_i + \varepsilon_{iT} \tag{2}$$

其中，i 是指标，$i = 1, \cdots, 29$；T 是年份，$T = 1, \cdots, 10$；β_i 为 T 与 $\overline{z_{\cdot iT}}$ 的估计系数；$\overline{z_{\cdot iT}}$ 为第 T 年总样本的第 i 指标的平均值；γ_i 为常数项；ε_{iT} 为干扰项，且满足以下条件：

$$cov(\varepsilon_{gt}, \varepsilon_{hs}) = \begin{cases} \omega_i & g = w; h = s \\ 0 & otherwise \end{cases} \tag{3}$$

动态因子分析法的计算步骤如下。

步骤 1：标准化处理原始数据，公式如下：

$$y_{ijT} = \frac{x_{ijT} - \overline{x}_{i \cdot T}}{\sqrt{\frac{1}{16-1} \sum_{j=1}^{16} (x_{ijT} - \overline{x}_{i \cdot T})^2}} \tag{4}$$

其中 x_{ijT} 为原始数据，$\overline{x}_{i \cdot T}$ 为第 T 年总样本的第 i 指标的平均值，y_{ijT} 为标准化后的数据，j 为国家，$j = 1, \cdots, 16$。

步骤 2：依据各年份的协方差矩阵 $U(T)$，计算得出平均协方差矩阵 U_t^*，公式如下：

$$U_t^* = \frac{\sum_{T=1}^{10} U(T)}{M} \tag{5}$$

步骤 3：计算 U_t^* 的特征值、特征向量和各特征值对应的方差贡献率。

步骤4：测算中东欧国家的静态指标矩阵 v_{jk}，公式如下：

$$v_{jk} = (\bar{y}_j - \bar{y}.)' \cdot \lambda_k \tag{6}$$

其中 $\bar{y}_j = \frac{1}{10}\sum_{T=1}^{10} y_{jt}$，$\bar{y}. = \frac{1}{16}\sum_{j=1}^{16} \bar{y}_j$，$y'_{jT} = (y_{j,1,T}, \cdots, y_{j,29,T})$，$i=1, \cdots, 29$，$T=1, \cdots, 10$；$\lambda_k$ 为第 k 个特征向量。

步骤5：计算各样本的动态指标矩阵。

$$v_{ijT} = (y_{iT} - \bar{y}._T)' \cdot \lambda_k \tag{7}$$

其中 $\bar{\vartheta}._t = \frac{1}{16}\sum_{j=1}^{16} \vartheta_{it}$。

步骤6：利用各主因子所对应的特征值占所提取主因子对应的特征值之和的比例，即方差贡献率作为权重，计算得出中东欧国家各年份与中国科技人才交流潜力值。

3. 中国与中东欧国家科技人才交流潜力

本部分根据步骤1—3，计算得到特征值、公因子方差贡献率和累计方差贡献率，具体见表3.2。然后，按照累计方差贡献率大于80%的原则，中国—中东欧国家科技人才交流潜力指标体系提取9个公因子，累计贡献率为82.93%，基本可以反映中东欧国家与中国科技人才交流的潜力程度。

表 3.2　　　　　　　特征值和方差贡献率　　　　（单位：%）

主因子	特征值	方差贡献率	累计方差贡献率
1	66.12	28.72	28.72
2	28.19	12.24	40.96
3	22.00	9.55	50.51
4	21.63	9.39	59.90
5	16.98	7.37	67.28
6	11.73	5.09	72.37
7	9.45	4.10	76.48
8	7.96	3.46	79.93
9	6.89	2.99	82.93
10	6.28	2.73	85.65
11	5.07	2.20	87.85
12	4.26	1.85	89.70
13	3.40	1.48	91.18
14	3.16	1.37	92.55
15	2.91	1.26	93.82
16	2.53	1.10	94.92
17	2.09	0.91	95.82
18	1.78	0.77	96.60
19	1.67	0.72	97.32
20	1.30	0.56	97.89
21	1.10	0.48	98.37
22	1.01	0.44	98.81
23	0.80	0.35	99.15
24	0.59	0.25	99.41
25	0.50	0.22	99.63
26	0.43	0.19	99.81
27	0.21	0.09	99.91
28	0.14	0.06	99.97
29	0.08	0.03	100.00

资料来源：笔者整理并计算所得。

根据步骤 4—6，测算出 2010—2019 年中东欧国家与中国科技人才交流潜力的动态变化趋势及静态平均发展现状，具体结果见表 3.3。

表3.3 2010—2019年中东欧国家与中国科技人才交流潜力值

	阿尔巴尼亚	波黑	保加利亚	克罗地亚	捷克	爱沙尼亚	希腊	匈牙利	拉脱维亚	黑山	北马其顿	波兰	罗马尼亚	塞尔维亚	斯洛伐克	斯洛文尼亚
2010年	-0.73	-0.09	-0.11	0.46	0.48	-0.64	-0.03	0.18	0.56	0.66	0.27	-0.11	-0.56	-0.65	-0.12	0.43
2011年	0.30	-0.97	0.31	0.40	0.70	0.24	-1.21	-1.19	0.23	-0.35	0.16	-0.92	0.52	0.47	0.61	0.70
2012年	-0.28	0.29	-0.23	-0.70	0.37	0.43	0.28	0.30	-0.80	0.43	0.03	0.32	-0.29	0.22	-0.22	-0.15
2013年	-1.50	-0.41	-1.26	2.17	1.81	-1.63	-2.18	-1.70	2.92	0.85	-1.01	1.08	3.31	2.88	-2.61	-2.71
2014年	-1.58	-0.54	-1.06	-0.36	-1.17	-1.48	2.00	2.14	0.51	-1.21	-0.92	-0.88	0.92	0.90	1.25	1.46
2015年	-0.66	-0.08	-0.07	0.71	0.55	-0.72	-0.15	0.01	0.91	0.55	0.34	0.21	-0.85	-0.81	-0.19	0.24
2016年	-0.07	-1.01	-0.04	0.37	0.48	-0.12	-1.17	-1.11	0.33	-0.25	-0.28	-0.67	0.68	0.96	0.79	1.12
2017年	-0.65	0.29	-0.33	-0.90	0.64	-0.03	0.33	0.54	-0.89	0.58	-0.04	0.63	-0.35	0.32	-0.23	0.09
2018年	0.62	-0.50	-0.91	0.33	-0.23	0.67	0.06	0.71	0.34	-0.28	-0.84	0.03	0.16	0.43	-0.25	-0.34
2019年	-1.08	0.34	-0.31	-0.83	-1.27	-0.91	1.54	1.61	-0.25	-1.58	0.26	0.60	-0.21	0.15	0.47	1.48

资料来源：笔者整理并计算所得。

4. 中国—中东欧国家科技人才交流潜力动态变化

（1）中东欧国家整体分析

2010—2019 年，中东欧国家与中国科技人才交流潜力最强的前五位国家是塞尔维亚、拉脱维亚、罗马尼亚、捷克、斯洛文尼亚，上述国家与中国科技人才交流潜力值年均值都超过 0.20。这主要是因为这些国家注重与中国的文化交流，双方每年组织较多的文化互动活动。2010—2020 年，塞尔维亚、拉脱维亚、罗马尼亚、捷克、斯洛文尼亚五国平均每年分别与中国组织 5.12 次文化互动活动，特别是 "一带一路" 倡议提出后，双方的文化互动活动次数快速增多。[①] 同期，中国从塞尔维亚、拉脱维亚、罗马尼亚、捷克、斯洛文尼亚等五个国家进口文化产品贸易额之和从 223.7 万欧元增长到 914.6 万欧元，年均增长率为 23.24%，占中国从中东欧国家进口文化产品贸易总额的比重由 38.44% 提高到 43.06%。[②]

2010—2019 年，中东欧国家与中国科技人才交流潜力增长速度最快的前五位国家是希腊、匈牙利、斯洛文尼亚、塞尔维亚、波兰，这些国家与中国科技人

[①] 数据是由笔者根据 2011—2020 年《中国外交》、中国—中东欧国家合作纲领性文件整理所得。

[②] 笔者根据 Eurostat 数据计算所得。

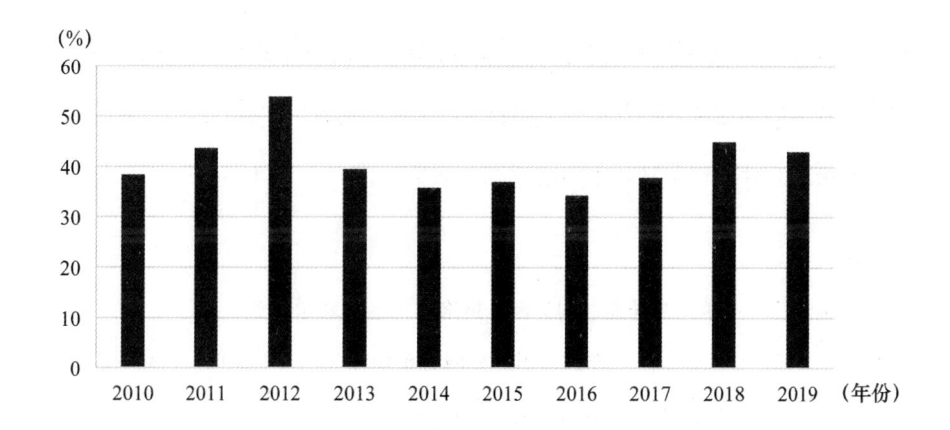

图 3.1 中国从塞尔维亚、拉脱维亚、罗马尼亚、捷克、斯洛文尼亚进口文化产品贸易额之和占中国从中东欧国家进口文化产品贸易额比重

资料来源：Eurostat。

才交流潜力值增长幅度都超过 0.70。这主要是由于其不断加强与中国的知识产权服务贸易和旅游服务贸易，以及扩大学习中文的学生数。2010—2019 年，中国对希腊、匈牙利、斯洛文尼亚、塞尔维亚、波兰知识产权服务出口额之和从 0.12 亿美元增长到 1.12 亿美元，年均增长率达 48.82%，占中国对中东欧国家知识产权服务出口总额的比重也从 54.55% 上升到 60.22%；中国对这些国家旅游服务进口额之和从 9.21 亿美元增长到 32.17 亿美元，年均增长率达 16.28%，占中国对中东欧国家旅游服务进口总额的比重长期围绕 50% 上下浮动。① 同时，希腊、匈牙利、斯洛文尼亚、塞尔维

---

① 笔者根据 WTO 数据计算所得。

亚、波兰学习中文的学生数从0增加到2531名,年均增长速度为24.48%,占中东欧国家学习中文学生总数的比重也处于50%的水平上下波动。①

表3.4　　中国对希腊、匈牙利、斯洛文尼亚、塞尔维亚、波兰知识产权服务出口额　　（单位：亿美元）

	希腊	匈牙利	斯洛文尼亚	塞尔维亚	波兰
2010年	0.02	0.05	0.00	0.00	0.05
2011年	0.01	0.05	0.00	0.00	0.05
2012年	0.02	0.06	0.01	0.00	0.08
2013年	0.01	0.05	0.01	0.00	0.06
2014年	0.01	0.04	0.00	0.00	0.05
2015年	0.02	0.05	0.01	0.00	0.08
2016年	0.02	0.06	0.01	0.01	0.10
2017年	0.10	0.26	0.04	0.02	0.43
2018年	0.11	0.29	0.04	0.02	0.48
2019年	0.14	0.34	0.05	0.02	0.57

资料来源：WTO。

表3.5　　中国对希腊、匈牙利、斯洛文尼亚、塞尔维亚、波兰旅游服务进口额　　（单位：亿美元）

	希腊	匈牙利	斯洛文尼亚	塞尔维亚	波兰
2010年	5.83	1.27	0.31	0.18	1.62
2011年	6.51	1.56	0.39	0.31	2.08
2012年	8.73	2.09	0.59	0.48	2.85

---

① 笔者根据Eurostat数据计算所得。

续表

	希腊	匈牙利	斯洛文尼亚	塞尔维亚	波兰
2013 年	10.36	2.72	0.77	0.74	3.67
2014 年	13.75	5.11	1.34	0.93	7.28
2015 年	13.68	5.38	1.4	0.81	7.97
2016 年	14.44	6.23	1.78	0.98	8.3
2017 年	16.57	6.18	1.76	1.09	8.71
2018 年	16.65	6.28	1.78	1.14	8.94
2019 年	15.76	5.71	1.67	1.02	8.01

资料来源：WTO。

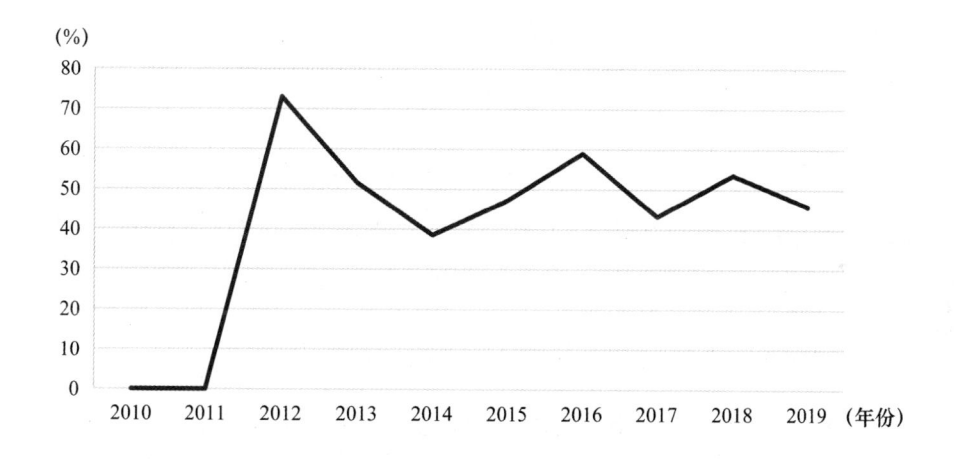

图 3.2 希腊、匈牙利、斯洛文尼亚、塞尔维亚、波兰学习中文的学生数占中东欧国家学习中文学生总数的比重

资料来源：Eurostat。

（2）样本周期分阶段分析

2012 年，中国—中东欧国家领导人会晤首次在波兰华沙举行，中国—中东欧国家合作正式启动，双方科技人才交流迈入了高速发展阶段。"一带一路"倡

议实施以来，进一步为中国与中东欧国家多领域、全方位的科技人才交流互动提供了新的动力，拓展了双方科技合作的空间。因此，本部分将2010—2019年分为2010—2013年、2014—2019年两个样本周期阶段，综合分析中国与中东欧国家科技人才交流潜力动态变化特点。2010—2013年，中国—中东欧国家合作正式实施，而"一带一路"倡议尚未发挥效应，探索这一时期中国与中东欧国家科技人才交流潜力值变化可以剖析中国—中东欧国家合作对双方科技合作发展的作用。2014—2019年，"一带一路"倡议不断深化，对中国与中东欧国家科技人才交流产生显著影响，研究这一时期能够有效分析"一带一路"倡议对中国与中东欧国家科技人才交流互动的影响以及全球发展不确定性增强的背景下双方科技交流的变化态势。

①中国—中东欧国家合作正式启动阶段

2010年，中东欧国家与中国科技人才交流潜力值整体处于较低水平，尚未有国家与中国科技人才交流潜力值超过0.70。2010—2013年，捷克、罗马尼亚、塞尔维亚、拉脱维亚、克罗地亚等国家不断加强与中国服务贸易往来，成为中东欧国家与中国科技人才交流潜力年平均值前五位的国家，这些国家的潜力值都超过0.50，其中，捷克和罗马尼亚侧重于向中国输出知识产权服务，拉脱维亚则迅速扩大在中国设立的科技子公司的规模，克罗地亚偏向于增强旅游服务对中国的吸引力，塞尔维亚强调与中国开展其他商业服务合作。2010—2013年，中国对捷克、罗马尼亚、塞尔维亚、拉脱维亚、克罗地亚的知识产权服务、旅游服务以及其他商业服务的进口贸易额之和占中国对中东欧国家相应服务的进口贸易总额的比重分别从31.43%、26.31%、36.80%变化到31.25%、28.88%、38.03%。[①]

同时，捷克、罗马尼亚、塞尔维亚、拉脱维亚、克罗地亚也是同期中东欧国家中与中国科技人才交流潜力值增长幅度前五位国家，主要原因为：首先，捷克、罗马尼亚、拉脱维亚通过教育互派互访快速改善与中国科技人才交流发展水平。2010—2013年，在捷克获得本科及同等学历的中国学生数从无增至28人，占中东欧国家获得本科及同等学历的中国学生总数的19.58%；罗马尼亚和拉脱维亚学习中文的学生数分别从无增长到52人、145人，两国学生数之和占中东欧国家学习中文学生总数的29.27%。[②] 其次，塞尔维亚通过强化政治合作，带动与中国科技人才交流水平逐渐升高。2010—2013年，塞尔维亚与中国组织了两场政治交流活动，

---

① 笔者根据WTO数据计算所得。
② 笔者根据Eurostat数据计算所得。

占同期中东欧国家与中国政治交流活动的50%。① 最后,克罗地亚通过加大文化产品向中国的输送,优化与中国科技人才交流发展的基础。2010—2013年,中国从克罗地亚进口文化产品贸易额从2.60万欧元增长到65.00万欧元,占中国从中东欧国家进口文化产品总额的比重由0.45%上升到7.23%。②

由此,中国—中东欧国家合作正式启动推动了部分中东欧国家借助双方文化交融、教育互动、服务贸易合作,强化与中国科技人才交流潜力的改善,为双方科技协同发展奠定了坚实基础。

表3.6 中国对捷克、罗马尼亚、塞尔维亚、拉脱维亚、克罗地亚服务贸易进口额占中国对中东欧国家相应服务的进口贸易总额的比重 (单位:%)

	类别	2010年	2011年	2012年	2013年
捷克	知识产权服务	17.14	17.95	17.89	17.86
	旅游服务	10.41	10.90	11.08	11.07
	其他商业服务	17.21	17.11	16.88	16.33
罗马尼亚	知识产权服务	10.00	8.97	9.47	9.82
	旅游服务	4.75	4.83	5.07	5.41
	其他商业服务	13.29	12.95	13.25	13.98

① 笔者根据2011—2014年《中国外交》、中国—中东欧国家合作纲领性文件整理所得。
② 笔者根据Eurostat数据计算所得。

续表

	类别	2010 年	2011 年	2012 年	2013 年
塞尔维亚	知识产权服务	1.43	1.28	1.05	1.79
	旅游服务	1.10	1.48	1.69	2.07
	其他商业服务	2.04	2.77	2.99	3.58
拉脱维亚	知识产权服务	1.43	1.28	1.05	0.89
	旅游服务	0.91	1.05	1.09	1.23
	其他商业服务	1.53	1.62	1.56	1.79
克罗地亚	知识产权服务	1.43	1.28	1.05	0.89
	旅游服务	9.14	10.04	8.59	9.08
	其他商业服务	2.73	2.77	2.34	2.35

资料来源：WTO。

② "一带一路"倡议深化阶段

自"一带一路"倡议提出以来，中东欧国家与中国科技人才交流潜力发生了显著变化。2014—2019年，中国—中东欧国家科技人才交流潜力的核心区域为斯洛文尼亚、匈牙利、希腊、塞尔维亚、斯洛伐克，上述五个国家与中国科技人才交流潜力年均值都超过0.30。其中，斯洛文尼亚通过增加与中国签订技术输出合同拓展科技人才交流渠道，匈牙利通过加强与中国留学生往来促进科技国际合作，希腊、斯洛伐克通过增加从中国进口文化产品巩固与中国科技人才交流基础，塞尔维亚则借助两国领导人互访扩大双边人才交流规模。2014—2019年，中国与斯洛文尼亚共签署28项技术引进合同数，占中国与中东欧国家签署技术引进合同总数的12.39%;[①]匈牙利获得本科及同等学力的中国学生数从34人增长到223人,占中东欧国家获得对应学力中国学生总数的比重围绕14.00%上下波动;中国对希腊和斯洛伐克两国出口文化产品贸易额由0.25亿欧元增至1.00亿欧元,年均增长率为36.96%,占中国对中东欧国家出口文化产品贸易总额的比重也从21.57%提高到26.60%;[②]塞尔维亚国家领导人与中国国家领导人共互访16次,远高于其他国家。[③]

此外,2014—2019年,中东欧国家中与中国科技人才交流潜力值增长幅度前五位国家是波兰、北马其顿、波黑、保加利亚、爱沙尼亚,上述国家科技人才交流潜力值增长幅度都超过0.50,且波兰、北马其顿增长幅度突破1.00,主要原因是:首先,波兰、爱沙尼亚与中国学生互动日渐频繁,为与中国科技人才交流合作注入新的动力。2014—2019年,在波兰、爱沙尼亚获得本科、硕士及同等学力的中国留学生数之和从193人增长到309人,年均增长率为11.49%;两国学习中文的学生数之和由206人增至579人,年均增长率为48.87%,占中东欧国家学习中文学生总数的比重也从18.92%提

[①] 笔者根据2015—2020年《中国科技统计年鉴》数据计算所得。
[②] 笔者根据Eurostat数据计算所得。
[③] 笔者根据2015—2020年《中国外交》整理所得。

高到22.88%。① 其次,波黑、保加利亚日益增多与中国的经贸合作、文化互通活动,夯实与中国科技人才交流的基础。2014—2019年,波黑、保加利亚共组织52次与中国经贸相关的活动;中国对两国文化产品进口贸易额从8.90万欧元增长到180.10万欧元,年均增长888.13%,占中国对中东欧国家文化产品进口贸易总额的比重也从0.59%提升至8.48%。② 最后,北马其顿通过增加中国在本国承包工程人员数,优化与中国科技人才交流潜力水平。2014—2019年,中国在北马其顿从事承包工程人员数从248人增至501人,年均增长率19.26%,占中国在中东欧国家从事承包工程人员总数的比重围绕19.00%上下波动。③

表3.7　在波兰、北马其顿、波黑、保加利亚、爱沙尼亚获得学位的中国学生数　（单位：人）

	学位	2014年	2015年	2016年	2017年	2018年	2019年
波兰	本科	106	87	62	93	158	125
	硕士	72	73	112	111	147	155
	博士	0	0	0	0	2	4

---

① 笔者根据Eurostat数据计算所得。
② 笔者根据中国—中东欧国家合作纲领性文件、Eurostat整理所得。
③ 笔者根据2015—2020年《中国贸易外经统计年鉴》《中国商务年鉴》计算所得。

续表

	学位	2014年	2015年	2016年	2017年	2018年	2019年
北马其顿	本科	0	0	0	0	0	1
	硕士	0	0	0	0	0	0
	博士	0	0	0	0	0	0
波黑	本科	0	0	0	0	0	0
	硕士	0	0	0	0	0	0
	博士	0	0	0	0	0	0
保加利亚	本科	19	4	2	3	6	7
	硕士	1	8	5	8	6	19
	博士	1	0	0	3	1	1
爱沙尼亚	本科	6	7	18	11	6	7
	硕士	9	9	12	25	30	22
	博士	1	0	1	0	2	1

资料来源：Eurostat。

（二）中国—中东欧国家科技人才交流潜力空间相关性分析

1. 空间自相关模型

空间自相关是由两部分构成，分别是全局自相关、局部自相关。全局自相关主要用于衡量整个地区的空间模式，利用 *Moran's I* 指数反映整个区域空间关联程度，具体计算公式为：

$$Moran's\ I = \frac{\sum_{a=1}^{c}\sum_{b \neq a}^{c} w_{ab}(x_a - \bar{x})(x_b - \bar{x})}{d^2 \sum_{a=1}^{c}\sum_{b \neq a}^{c} w_{ab}} \tag{8}$$

其中，$d^2 = \frac{1}{c}\sum_{a=1}^{c}(x_a - \bar{x})^2$；$\bar{x} = \frac{1}{c}\sum_{a=1}^{c}x_a$；$w_{ab}$ 为空间权重矩阵，反映中东欧国家的空间关系，$w_{ab} = \begin{cases} 1 & \text{当国家}a\text{与国家}b\text{相邻} \\ 0 & \text{当国家}a\text{与国家}b\text{不相邻} \end{cases}$，$a = 1, 2, \cdots, c$；$b = 1, 2, \cdots, c$。$x_a$ 表示国家 a 与中国科技人才交流潜力值；c 为中东欧国家数量，即等于 16。

Moran's I 取值范围为 [-1, 1]，(0, 1] 说明中东欧国家间呈现较强的空间正相关关系，[-1, 0) 说明中东欧国家间存在较为明显的空间负相关关系，而等于 0 表示空间不相关。[①]

本部分利用标准化 Z 统计量检验 Moran's I，Z 统计量的计算公式：

$$Z(\text{Moran's } I) = \frac{\text{Moran's } I - E(\text{Moran's } I)}{\sqrt{Var(\text{Moran's } I)}} \quad (9)$$

$$E(\text{Moran's } I) = -\frac{1}{c-1} \quad (10)$$

当 Z 统计量的值大于正态分布函数在 5% 显著水平下的临界值 1.65 时，中东欧国家间的中国—中东欧国家科技人才交流潜力存在空间相关关系。

全局空间自相关分析无法探究区域内不同国家之

[①] 姜峰、段云鹏：《数字"一带一路"能否推动中国贸易地位提升——基于进口依存度、技术附加值、全球价值链位置的视角》，《国际商务》（对外经济贸易大学学报）2021 年第 2 期。

间的空间关联模式,显著且较大的全局 *Moran's I* 可能会掩盖中东欧国家数据不存在相关性的特征,甚至会出现局部空间关联特征与全局空间关联特征刚好相反的情况。

根据 Anselin 的定义,[①] 局部 *Moran's I* 的计算公式:

$$Moran's\ I_a = \frac{(x_a - \bar{x})}{d^2} \sum_{a=1}^{c} w_{ab}(x_a - \bar{x}) \quad (11)$$

其中,*Moran's I*$_a$ 为省(市、区）a 的局部相关系数,*Moran's I*$_a$ > 0 表示国家 a 与相邻国家科技人才交流潜力值相似;*Moran's I*$_a$ < 0 表示国家 a 与相邻国家科技人才交流潜力值相反。

Moran's I 散点图可分为四个象限:第一象限为高—高聚集区(H-H),表示一个国家和相邻国家科技人才交流潜力值都居于较高水平,呈现为扩散的空间效应;第二象限为低—高聚集区(L-H),表示一个国家科技人才交流潜力值较低而相邻国家的潜力值较高,此为过渡性空间关联区域;第三象限为低—低聚集区(L-L),表示一个国家和相邻国家的科技人才交流潜力值都处于较低水平,呈现为低速增长空间关联区域;第四象限为高—低聚集区(H-L),表示

---

① L. Anselin, "Local Indicators of Spatial Association—LISA", *Geographical Analysis*, No. 27, 1995.

一个国家科技人才交流潜力值较高而邻国潜力值较低，呈现为极化空间效应。

2. 中东欧国家与中国科技人才交流潜力值空间相关性特征

本部分利用空间邻接矩阵，计算中国2010—2019年中东欧国家与中国科技人才交流潜力的全局 Moran's I。从表3.8可以看出，2010—2019年，Moran's I 值长期小于0，表明中东欧国家与中国科技人才交流潜力呈空间负相关关系，即低数值国家围绕高数值国家分布，换言之，中东欧各国的科技人才交流存在互为竞争、相互排斥的空间特征，但 Moran's I 值逐年减少，反映出中东欧国家与中国科技人才交流潜力值的负向空间关联性正逐渐减弱。2018年以后，Moran's I 值迅速增加，几乎降低到0，说明中东欧国家与中国科技人才交流潜力值的空间互斥效应消失，各个国家科技人才交流的空间相关性进一步弱化，多边科技互动发展活动增多，中东欧国家与中国科技人才交流正由竞争向协同转变。

表3.8　　中东欧国家与中国科技人才交流潜力 Moran's I 值

	2010年	2011年	2012年	2013年	2014年	2015年	2016年	2017年	2018年	2019年
Moran's I	-0.34	-0.38	-0.48	-0.16	-0.04	-0.32	-0.32	-0.20	-0.04	-0.02

从表 3.9 可知，中东欧大部分国家处于高—低聚集区（H-L），2010—2019 年，中东欧国家约有 37.5% 的区域存在明显的空间负相关关系，也就是与中国科技人才交流潜力值在空间分布上出现极化现象，但是空间极化现象表现为先扩大后缩小。

高—高聚集区从斯洛文尼亚、波兰转向以匈牙利、捷克为核心，这些国家都积极与中国签署技术合作合同，引导中资企业加大在本国的直接投资，从事生产、经营及发明创造活动，加强与中国开展高标准、高质量的商业服务贸易合作，推动与中国科技人才交流提速。

低—高聚集区主要集中于阿尔巴尼亚、波黑、爱沙尼亚、保加利亚，这些国家较为缺乏与中国的投资合作，尤其是基础设施建设方面与中国合作较少，并且双边文化交流和技术合作活动也较少，因此双边科技人才交流潜力值弱于周边相邻国家。2010—2019 年，辐射范围逐步向斯洛伐克、克罗地亚、罗马尼亚蔓延。如果能够有效激发上述国家与中国投资合作积极性并与周边国家的多边技术互动，此聚集区的科技人才交流潜力会有大幅提升。

低—低聚集区由以希腊、阿尔巴尼亚为核心向以拉脱维亚、北马其顿为核心转变。2010—2013 年，希腊、阿尔巴尼亚对中国学生的开放度较低，且对中文的普及水平和文化的认同处于同期中东欧国家中的最低水平，因而希腊、阿尔巴尼亚成为中国—中东欧国家科技人才交流的"洼地"。2014—2019 年，拉脱维亚、北马其顿则受限于与中国服务贸易规模增长缓慢、双边企业并购活动逐年递减，接替希腊、阿尔巴尼亚，成为中国—中东欧国家科技人才交流潜力值最低的区域。

高—低聚集区从以拉脱维亚、北马其顿、塞尔维亚为主转向以希腊、塞尔维亚、波兰为主。2010—2016 年，拉脱维亚、北马其顿、塞尔维亚加强与中国政治互信，倡导中国科技企业在本国设立子公司，从而与中国科技人才交流潜力值高于周边相邻国家。2017—2019 年，希腊、塞尔维亚、波兰增大与中国承包工程合作规模及双边旅游人数，扩大对中国的知识产权服务和其他商业服务的出口贸易额，降低中国科技企业对本国企业并购难度，进一步优化与中国科技人才交流的潜力基础，成为中东欧国家与中国科技交流合作的领导者。

表 3.9 中东欧与中国科技人才交流潜力值空间聚类情况

	高—高（H-H）	低—高（L-H）	低—低（L-L）	高—低（H-L）
2010 年	斯洛文尼亚、克罗地亚	爱沙尼亚、阿尔巴尼亚、塞尔维亚、波黑、斯洛伐克	罗马尼亚、保加利亚、希腊	捷克、匈牙利、拉脱维亚、波兰、北马其顿
2011 年	爱沙尼亚、拉脱维亚	波黑、匈牙利、波兰	—	阿尔巴尼亚、克罗地亚、北马其顿、塞尔维亚、黑山、斯洛文尼亚、捷克、塞尔维亚、罗马尼亚、斯洛伐克
2012 年	捷克、波兰	阿尔巴尼亚、保加利亚、罗马尼亚、斯洛伐克	斯洛文尼亚	波黑、爱沙尼亚、匈牙利、克罗地亚、北马其顿、黑山、塞尔维亚
2013 年	黑山、塞尔维亚	保加利亚、波黑、匈牙利、斯洛伐克	阿尔巴尼亚、希腊、北马其顿	捷克、爱沙尼亚、波兰、拉脱维亚、塞尔维亚
2014 年	匈牙利、罗马尼亚、斯洛伐克、斯洛文尼亚	保加利亚、捷克、爱沙尼亚、北马其顿、斯洛伐克	阿尔巴尼亚、希腊、波黑、黑山	克罗地亚、拉脱维亚、塞尔维亚
2015 年	捷克、波兰、斯洛文尼亚	保加利亚、波黑、爱沙尼亚、塞尔维亚、斯洛伐克	阿尔巴尼亚、希腊、罗马尼亚、北马其顿	克罗地亚、匈牙利、拉脱维亚、北马其顿、黑山
2016 年	捷克	保加利亚、波黑、匈牙利、波兰、黑山	阿尔巴尼亚、希腊、拉脱维亚、北马其顿	克罗地亚、爱沙尼亚、斯洛伐克、塞尔维亚、斯洛文尼亚
2017 年	捷克、波兰	阿尔巴尼亚、北马其顿、黑山、斯洛伐克	爱沙尼亚、北马其顿	匈牙利、希腊、斯洛文尼亚、塞尔维亚
2018 年	爱沙尼亚、克罗地亚、匈牙利、拉脱维亚、罗马尼亚、斯洛文尼亚	波黑、北马其顿、黑山、捷克、斯洛伐克	保加利亚、捷克	阿尔巴尼亚、希腊、波兰、塞尔维亚
2019 年	匈牙利、北马其顿、斯洛伐克、斯洛文尼亚	阿尔巴尼亚、捷克、克罗地亚、罗马尼亚	爱沙尼亚、拉脱维亚、黑山	波黑、希腊、波兰、塞尔维亚

(三) 中国—中东欧国家科技人才交流潜力障碍因子诊断

1. 突变级数法

本部分参考 Wang 等的做法,[①] 结合动态因子分析法,科学确定模型控制变量的主次,运用突变级数法评价中东欧国家与中国科技人才交流潜力,突变级数法的具体运算步骤如下。

第一,建立突变评价指标体系。

第二,确定指标体系各层次的突变类型。根据突变级数法的基本原理,常见的突变系统类型为尖点突变系统、燕尾突变系统、蝴蝶突变系统。

尖点突变系统模型:

$$h(x) = x^4 + \zeta x^2 + \eta x \qquad (12)$$

燕尾突变系统模型:

$$h(x) = \frac{1}{5}x^5 + \frac{1}{3}\zeta x^3 + \frac{1}{2}\eta x^2 + \theta x \qquad (13)$$

蝴蝶突变系统模型:

$$h(x) = \frac{1}{6}x^6 + \frac{1}{4}\zeta x^4 + \frac{1}{3}\eta x^3 + \frac{1}{2}\theta x^2 + \vartheta x \qquad (14)$$

[①] Y. Wang et al., "Construction of China's Low-Carbon Competitiveness Evaluation System: A Study Based on Provincial Cross-Section Data", *International Journal of Climate Change Strategies and Management*, Vol. 12, No. 1, 2020.

其中 $h(x)$ 表示一个系统的状态变量 x 的势函数，状态变量 x 的系数 ζ、η、θ、ϑ 表示该状态变量的控制变量。若 1 个指标仅分解为 2 个子指标，该系统为尖点突变系统；细分为 3 个子指标，该系统可视为燕尾突变系统；分解为 4 个子指标，该系统为蝴蝶突变系统。[①]

第三，通过突变系统的分期方程式导出归一公式。根据突变理论，势函数 $h(x)$ 的所有临界点集合成平衡曲面 U，其方程通过求 $h(x)$ 的一阶导数而得到，即 $h(x)'=0$。势函数的奇点集可通过对 $h(x)$ 求二阶导得到，即 $h(x)''=0$。由 $h(x)''=0$ 与 $h(x)'=0$ 消去 x，则得到分歧点集方程。

对尖点突变系统模型 $h(x)=x^4+\zeta x^2+\eta x$，由 $h(x)'=0$ 可得 $4x^3+2\zeta x+\eta=0$，即：

$$2x(2x^2+\zeta)+\eta=0 \tag{15}$$

由 $h(x)''=0$ 可得 $12x^2+2\zeta=0$，即：

$$x^2=-\frac{\zeta}{6} \tag{16}$$

将式（16）代入式（15）可得：

$$x=-\frac{3\eta}{4\zeta} \tag{17}$$

[①] 陈晓红、杨立：《基于突变级数法的障碍诊断模型及其在中小企业中的应用》，《系统工程理论与实践》2013 年第 6 期。

将式（17）代入式（15）可得 $8\zeta^3 + 27\eta^2 = 0$，由此可得：$\zeta = -6x^2, \eta = 8x^2$，化为突变模糊隶属函数可得尖点突变系统的归一公式：

$$x_\zeta = \zeta^{\frac{1}{2}}, x_\eta = \eta^{\frac{1}{3}} \tag{18}$$

同理，燕尾突变系统的归一公式：

$$x_\zeta = \zeta^{\frac{1}{2}}, x_\eta = \eta^{\frac{1}{3}}, x_\theta = \theta^{\frac{1}{4}} \tag{19}$$

蝴蝶突变系统的归一公式：

$$x_\zeta = \zeta^{\frac{1}{2}}, x_\eta = \eta^{\frac{1}{3}}, x_\theta = \theta^{\frac{1}{4}}, x_\vartheta = \vartheta^{\frac{1}{5}} \tag{20}$$

其中 x_ζ、x_η、x_θ、x_ϑ 为 ζ、η、θ、ϑ 对应的 x 值。

第四，利用归一公式对评价主体进行综合评价。状态变量所对应的各个控制变量计算出的值可以按照两种不同的评价准则：（1）互补准则：若系统的各控制变量之间存在着明显的互相关联作用时，按其均值取用；（2）非互补准则：若系统的各控制变量之间不存在明显的关联作用时，按"大中取小"原则取值。

在构建突变级数模型时，采用动态因子分析法来确定指标体系中控制变量的主次关系。由于动态因子分析法中的第一次主因子代表了样本数据变异的最大方向，并且其与原始变量的相关性最强。[①] 因此，在实际操作中，可将最大特征值对应的特征向

---

① 丁琳：《基于突变级数法的中小企业成长性评价研究》，硕士学位论文，山东大学，2010年。

量的各分量作为指标的权重,对指标的重要性进行排序。动态因子分析法作为客观赋权法,与突变级数模型结合,实现了中国—中东欧国家科技人才交流评价中各层次对应指标的横向顺序,也为突变级数模型的测算奠定了基础。

2. 障碍诊断模型

在对中国—中东欧国家科技人才交流评价的过程中,一方面要了解中东欧各国与中国科技人才交流潜力值,另一方面要分析经济社会发展过程中阻碍科技人才交流稳定发展的因素,并进行病理性分析,探寻问题的根源。本部分将障碍诊断模型与突变级数模型中的归一公式相结合。

第一,对各项指标,以样本中的最大值为基准,进行标准化:

$$X_{ij} = \frac{x_{ij} - x_{i,min}}{x_{i,max} - x_{i,min}} \quad (21)$$

其中,X_{ij} 为第 j 个中东欧国家的第 i 个指标标准化得分。

第二,计算指标的偏离度:

$$I_{ij} = 1 - X_{ij} \quad (22)$$

其中,I_{ij} 为第 j 个中东欧国家第 i 项指标的偏离度。

第三,利用归一公式计算各被诊断指标控制变量的偏离度的突变级数,该级数标准化后作为指标体系上一层的障碍度。同时，多次利用归一公式，计算被诊断单位各层的障碍水平，从而得到各子系统对人才交流潜力的障碍度数据，并据此分析具体的障碍因素，但计算障碍度的非互补准则应按"小中取大"原则取值。

3. 中国—中东欧国家科技人才交流潜力值障碍因子诊断

在对中东欧国家的科技人才交流潜力状况了解的基础上，为深入了解中国—中东欧国家科技人才交流发展的制约因素，就目标层和中间层的障碍度进行计算。

（1）目标层障碍因子

2010—2019 年，阿尔巴尼亚、北马其顿、波黑、黑山、克罗地亚、塞尔维亚与中国科技人才交流潜力的主要障碍因素为技术合作、教育互动。其中阿尔巴尼亚、北马其顿、波黑、黑山的上述两个目标层指标的障碍因子值都长期处于 1.00 水平，而克罗地亚、塞尔维亚的两个目标层障碍因子值逐年减低。

保加利亚、斯洛伐克、斯洛文尼亚、希腊与中国科技人才交流潜力的主要障碍因素由技术合作、教育互动转变为教育互动、文化相融。其中，希腊教育互动障碍因子值下降较多，逐步成为第二大障碍因素，而保加利亚、斯洛伐克、斯洛文尼亚科技人才交流潜力发展第一大障碍因子长期为教育互动。

波兰、拉脱维亚、爱沙尼亚与中国科技人才交流潜力的障碍因素长期以技术合作为主，其中爱沙尼亚、拉脱维亚技术合作的障碍因子值长期处于1.00水平，而波兰技术合作的障碍因子值显著降低。

捷克与中国科技人才交流潜力的主要障碍因素由政治交流、教育互动向政治交流、文化相融转变，其中，政治交流障碍因子值快速下降，成为第二大障碍因素。

罗马尼亚与中国科技人才交流潜力的主要障碍因素由教育互动、文化相融转变为政治交流、文化相融，其中文化相融的障碍因子值整体保持增长态势，而政治交流的障碍因子值却呈显著减少的状态。

匈牙利与中国科技人才交流潜力的主要障碍因素由政治交流、教育互动转变为政治交流、技术合作，其中，政治交流、技术合作的障碍因子值都快速下滑。

表 3.10　中国与中东欧国家科技人才交流潜力目标层障碍因子

	阿尔巴尼亚		波黑		保加利亚		克罗地亚	
2010 年	技术合作	教育互动	教育互动	技术合作	技术合作	教育互动	技术合作	教育互动
2011 年	技术合作	教育互动	教育互动	技术合作	技术合作	教育互动	技术合作	教育互动
2012 年	技术合作	教育互动	教育互动	技术合作	技术合作	教育互动	技术合作	教育互动
2013 年	技术合作	教育互动	教育互动	技术合作	技术合作	贸易共赢	教育互动	政治交流
2014 年	技术合作	贸易共赢	教育互动	技术合作	技术合作	教育互动	教育互动	教育互动
2015 年	技术合作	贸易共赢	教育互动	投资互促	技术合作	教育互动	技术合作	投资互促
2016 年	技术合作	贸易共赢	教育互动	技术合作	技术合作	文化相融	技术合作	教育互动
2017 年	技术合作	文化相融	教育互动	技术合作	教育互动	文化相融	技术合作	技术合作
2018 年	技术合作	文化相融	教育互动	技术合作	教育互动	文化相融	技术合作	教育互动
2019 年	技术合作	文化相融	教育互动	技术合作	教育互动	文化相融	技术合作	教育互动
	捷克		爱沙尼亚		希腊		匈牙利	
2010 年	政治交流	教育互动	教育互动	技术合作	技术合作	教育互动	政治交流	教育互动
2011 年	政治交流	教育互动	技术合作	教育互动	技术合作	教育互动	技术合作	教育互动
2012 年	政治交流	教育互动	技术合作	教育互动	技术合作	教育互动	政治交流	技术合作
2013 年	政治交流	教育互动	政治交流	教育互动	技术合作	贸易共赢	政治交流	技术合作
2014 年	文化相融	贸易共赢	贸易共赢	技术合作	技术合作	教育互动	政治交流	技术合作
2015 年	文化相融	贸易共赢	技术合作	投资互促	技术合作	教育互动	政治交流	技术合作
2016 年	政治交流	贸易共赢	技术合作	投资互促	教育互动	文化相融	政治交流	文化相融
2017 年	政治交流	文化相融	技术合作	文化相融	教育互动	文化相融	技术合作	文化相融
2018 年	政治交流	文化相融	技术合作	文化相融	教育互动	文化相融	技术合作	文化相融
2019 年	政治交流	文化相融	技术合作	文化相融	教育互动	文化相融	政治交流	技术合作

续表

	拉脱维亚		黑山		北马其顿		波兰	
2010年	技术合作	教育互动	技术合作	教育互动	技术合作	教育互动	技术合作	教育互动
2011年	技术合作	教育互动	技术合作	教育互动	技术合作	教育互动	技术合作	教育互动
2012年	技术合作	教育互动	技术合作	教育互动	技术合作	教育互动	技术合作	教育互动
2013年	政治交流	技术合作	技术合作	教育互动	技术合作	教育互动	政治交流	投资合作
2014年	技术合作	投资互融	技术合作	教育互动	技术合作	教育互动	技术合作	技术合作
2015年	技术合作	教育互动	技术合作	教育互动	技术合作	教育互动	政治交流	政治交流
2016年	技术合作	文化相融	技术合作	教育互动	技术合作	教育互动	政治交流	政治交流
2017年	文化相融	文化相融	技术合作	教育互动	技术合作	教育互动	技术合作	技术合作
2018年	投资互融	投资互融	教育合作	教育互动	技术合作	教育互动	政治交流	政治交流
2019年	技术合作	教育互动	技术合作	教育互动	技术合作	教育互动	政治交流	政治交流
	罗马尼亚		塞尔维亚		斯洛伐克		斯洛文尼亚	
2010年	政治交流	教育互动	技术合作	教育互动	教育合作	教育互动	教育互动	投资合作
2011年	教育互动	文化相融	技术合作	教育互动	技术合作	教育互动	教育互动	投资合作
2012年	教育互动	技术合作	技术合作	教育互动	政治交流	教育互动	政治交流	政治交流
2013年	技术合作	投资合作	技术合作	教育互动	教育合作	技术合作	投资合作	文化相融
2014年	教育互动	文化相融	技术合作	教育互动	教育合作	政治交流	投资合作	教育合作
2015年	政治交流	政治交流	技术合作	教育互动	教育合作	文化相融	教育互动	投资合作
2016年	文化相融	文化相融	技术合作	教育互动	教育合作	投资互促	教育互动	文化相融
2017年	技术合作	文化相融	教育合作	教育互动	教育合作	文化相融	教育互动	文化相融
2018年	文化相融	文化相融	技术合作	文化相融	技术合作	投资互促	教育互动	文化相融
2019年	文化相融	文化相融	技术合作	教育互动	技术合作	文化相融	教育互动	文化相融

（2）中间层障碍因子

2010—2019 年，中东欧国家与中国科技人才交流潜力中间层障碍因子主要集中于人才培养、人员往来、留学生流动。根据中东欧国家障碍因子年均值排序，人才培养、人员往来、留学生流动出现在中东欧国家前三位障碍因子的次数分别为 11 次、9 次、8 次。

阿尔巴尼亚、北马其顿、波黑、黑山、塞尔维亚与中国科技人才交流的核心障碍因子主要是发明创造、人才培养和留学生流动。2010—2019 年，阿尔巴尼亚、北马其顿、波黑、黑山、塞尔维亚获得高等教育学位的中国学生总数仅为 13 人，占中东欧国家总数的 0.48%，并且上述五个国家学习中文的学生数和华文教育示范学校数都为 0，中国也尚未在五个国家申请发明专利。[①]

克罗地亚、斯洛伐克与中国科技人才交流的核心障碍因子主要是人才培养、人员往来、留学生流动。2010—2019 年，克罗地亚、斯洛伐克均无学习中文的学生和华文教育示范学校，两国获得高等教育学位的中国学生总数仅为 26 人，占中东欧国家总数的 0.96%；中国在克罗地亚、斯洛伐克从事承包工程和劳务合作的人员累计 1020 人，占中东欧国家总数

---

① 数据来源于 2011—2020 年的《中国科技统计年鉴》《世界华文教育年鉴》以及 Eurostat。

的 4.01%。①

爱沙尼亚、拉脱维亚与中国科技人才交流的核心障碍因子主要是人员往来和知识产权服务。2010—2019 年，中国在爱沙尼亚、拉脱维亚从事承包工程和劳务合作的人员累计 55 人，占中东欧国家总数的 0.22%；中国与爱沙尼亚、拉脱维亚知识产权服务进出口贸易额之和占中国与中东欧国家知识产权进出口贸易总额的比重长期围绕 1.50% 上下波动。②

波兰、匈牙利与中国科技人才交流的核心障碍因子主要是人员往来、合作效益。2010—2019 年，中国在波兰、匈牙利从事承包工程和劳务合作的人员累计 1618 人，占中东欧国家总数的 6.37%；波兰、匈牙利与中国共同举办的科技交流活动共 4 次，远少于其他中东欧国家。③

捷克、斯洛文尼亚与中国科技人才交流的核心障碍因子主要是人员往来、人才培养。2010—2019 年，中国在捷克、斯洛文尼亚从事承包工程和劳务合作的人员累计 122 人，占中东欧国家总数的 0.48%；捷克、斯洛文尼亚学习中文的本国学生数之和为 210 人，占

---

① 数据来源于 2011—2020 年的《世界华文教育年鉴》以及 Eurostat。
② 数据来源于 2011—2020 年的《中国贸易外经统计年鉴》《中国商务年鉴》以及 WTO。
③ 数据来源于 2011—2020 年的《中国贸易外经统计年鉴》《中国商务年鉴》《中国外交》、中国—中东欧国家合作纲领。

中东欧国家的 1.74%。①

保加利亚与中国科技人才交流的核心障碍因子主要是人才培养、文化传输；罗马尼亚与中国科技人才交流的核心障碍因子主要是发明创造、文化传输；希腊与中国科技人才交流的核心障碍因子主要是人才培养、知识产权服务。2010—2019 年，保加利亚、希腊学习中文的本国学生数都为 0，保加利亚、罗马尼亚与中国文化产品进出口贸易额之和占中东欧国家与中国文化产品进出口贸易总额的比重从 4.70% 减至 3.30%，希腊与中国知识产权服务进出口贸易额占中东欧国家与中国知识产权服务进出口贸易总额的比重长期处于 4.00%；中国在罗马尼亚申请发明专利数共 30 项，占中国在中东欧国家总数的 1.40%。②

表 3.11　2010—2019 年中国与中东欧国家科技人才交流潜力中间层障碍因子

	第一障碍因子	第二障碍因子	第三障碍因子	第四障碍因子	第五障碍因子
阿尔巴尼亚	发明创造	留学生流动	人才培养	其他商业服务	文化传输
波黑	发明创造	留学生流动	人才培养	文化传输	知识产权服务
保加利亚	人才培养	文化传输	知识产权服务	人员往来	发明创造

---

① 数据来源于 2011—2020 年的《中国贸易外经统计年鉴》《中国商务年鉴》以及 Eurostat。
② 数据来源于 WTO、Eurostat。

续表

	第一障碍因子	第二障碍因子	第三障碍因子	第四障碍因子	第五障碍因子
克罗地亚	人才培养	留学生流动	人员往来	发明创造	文化传输
捷克	人员往来	人才培养	政治机制	双边关系	机制性交流
爱沙尼亚	人员往来	知识产权服务	文化传输	发明创造	其他商业服务
希腊	人才培养	知识产权服务	政治机制	留学生流动	文化传输
匈牙利	人员往来	旅游服务	合作效益	文化传输	双边关系
拉脱维亚	人员往来	留学生流动	知识产权服务	文化传输	人才培养
黑山	发明创造	留学生流动	人才培养	知识产权服务	其他商业服务
北马其顿	发明创造	人才培养	留学生流动	知识产权服务	旅游服务
波兰	人员往来	合作效益	人员使用	政治机制	机制性交流
罗马尼亚	发明创造	文化传输	人员往来	政治机制	留学生流动
塞尔维亚	发明创造	人才培养	留学生流动	知识产权服务	文化传输
斯洛伐克	人才培养	人员往来	留学生流动	文化传输	发明创造
斯洛文尼亚	人才培养	人员往来	文化传输	知识产权服务	旅游服务

四 新形势下中国引进中东欧国家科技人才的机遇与挑战

中国与中东欧国家拥有悠久友好的合作关系，双方始终秉持着相互尊重、相互信任、相互理解、相互支持的态度立场，在各领域都取得了长足的合作进展。特别是2012年中国—中东欧国家合作机制的正式成立，促进了双方交流往来日益密切，推动了一系列务实合作成果落实，也为双方科技人才的流动拓宽了渠道。

可以说，创新合作是中国—中东欧国家合作的重要板块，而科技人才作为助力创新合作发展的关键核心要素，更显示出了其关键属性，成为促进双方技术互补、加快创新能力提升的必要条件与坚实基础。同时，作为中国"一带一路"建设的关键节点，中东欧是中国优化对外开放整体布局的关键方向，一方面，多数中东欧国家处于工业化和城市化快速发展阶段，其在欧洲产业升级与资本转移的带动下，成为当前全球创新发展最具活力的地区。另一方面，随着中国步入"新常态"的发展新阶段，国内生产要素成本不断升高，市场环境约束不断趋紧，使得中国经济增长受到了一定制约。加之受全球新冠肺炎疫情的影响，国际市场陷入萎靡，而中国作为经济全球化的最大受益者之一，自然面临着巨大的外部压力。在这种情况下，寻求增长方式的转变，实现经济高质量转型发展成为中国未来推动经济增长的必然选择。中东欧国家科技人才储备丰富，不仅人力成本较西欧国家更为"实惠"，而且在中东欧国家总体"向东开放"政策的推动下，其同中国合作的意愿相对积极，这也为更多中东欧国家科技人才"东流"创造了有利契机，进一步激发了中国科技创新的新潜能。

不可否认，虽然中国在引进中东欧国家科技人才方面拥有一定优势，取得了一些前期成果，未来"引智"前景广阔，但双方在制度对接、文化融合等方面仍存在着明显不足，且在国际环境日益复杂、大国竞争日趋激烈的背景下，双方人才合作无论在规模还是质量上都明显处于初级阶段，与双方战略合作的总体定位与市场总体规模不相匹配，难以发挥以引才促创新、助发展的积极作用。有鉴于此，本章在结合中国与中东欧国家自身优势的基础上，全面考量国内、国际环境，深入挖掘推动双方科技人才交流合作的机遇，并针对现实问题，系统、准确地归纳中国引进中东欧国家人才所面临的现实阻碍与潜在风险，从而为中国优化同中东欧国家人才交流路径、提升引才效率提供参考依据。

（一）中国推进对中东欧国家科技人才引进的时代机遇

作为连接欧亚两洲的重要纽带，中东欧地区不仅拥有重要的区位优势，而且处于经济发展的上升期，是"一带一路"建设沿线国中理想的"目标市场"，而巨大的区域内发展潜力也为中国推进与该地区各领域合作创造了有利的先决条件。自2012年中国—中东欧国家领导人会晤以来，中国与中东欧国家合作迈入了实质性飞跃阶段，这得益于在中国—中东欧国家合作机制开创性推动下，双方开展了全方位、宽领域、多层次的对接，其中人才作为当今全球发展的第一资源，同样成为中国与中东欧国家关注的重点合作内容。随着中国高新技术及创新型产业的快速发展，近年来对海外科技人才的需求不断上升，而中东欧国家是西欧国家产业转型升级的主要承接国，拥有良好的创新技术与优质的科技人才储备，对于中国科技人才引进优势显著且意义重大。目前，中国与中东欧国家科技人才合作尚处于"浅水区",只有把握历史大势、抓住时代机遇,才能更有效地释放出双方人才合作的活力,从而借中东欧之智,推动中国高质量发展迈上新的台阶。

1. 丰硕的前期成果为中国引进中东欧国家科技人才给予了机制化保障

一方面,"一带一路"建设是中国在新的时代背景下,顺应各国发展愿景、践行区域共赢发展、发扬全球协商共治的宏伟倡议。通过与沿线国家加强经济交流,"一带一路"旨在"有效促进经济要素有序自由流动、资源高效配置和市场深度融合,发掘区域内市场的潜力,提供更多的需求和就业机会,分享中国发展机遇,增进人文交流"。[①] 而作为"一带一路"的重要组成部分,中东欧拥有着近 1/4 的沿线国席位,且地缘优势十分明显,在中国"一带一路"建设中具有举足轻重的战略地位。面对广阔的务实合作前景,中东欧大部分国家对于与"一带一路"建设对接表现出了浓厚的兴趣。自 2015 年 6 月 6 日至 2018 年 8 月 27 日,中国用三年时间完成了与全部中东欧国家关于

---

① 《推动共建丝绸之路经济带和 21 世纪海上丝绸之路的愿景与行动》,新华丝路网,2016 年 4 月 15 日,https://www.imsilkroad.com/news/p/134.html。

"一带一路"谅解备忘录的签署,并围绕"一带一路"建设,根据实际情况在具体领域开展了一系列合作,形成了丰富的双边合作文件,推动了双方务实合作关系步入更高水平,也为中国与中东欧国家科技人才往来提供了良好的合作契机以及宽松的政策环境,为中国加大对中东欧国家科技人才引进力度开辟了有利局面。正如习近平主席2016年在阿盟总部发表演讲时强调的,"让人才和思想在'一带一路'上流动起来"。[①]随着"一带一路"建设的不断深化,国际经济、资金、技术的对接将日益密切,这势必会加大中国对高技术、专业技术型人才的需求。在更多的鼓励性倾斜政策的加持下,中东欧国家科技人才优势将得到充分的重视,并在中国发展需求的带动下,成为中国吸纳"外智"的重点区域。

表4.1　　中国同中东欧国家签署的"一带一路"相关文件

	签署的"一带一路"相关合作文件	签署时间
希腊	共建"一带一路"合作谅解备忘录	2018年8月,在希腊外长科齐阿斯来访期间签署
波兰	共同推进"一带一路"建设的谅解备忘录	2015年11月,在波兰总统杜达来华出席第四次中国—中东欧国家领导人会晤期间签署

[①] 习近平:《共同开创中阿关系的美好未来——在阿拉伯国家联盟总部的演讲》,《人民日报》2016年1月27日第3版。

续表

	签署的"一带一路"相关合作文件	签署时间
塞尔维亚	共同推进"一带一路"建设的谅解备忘录	2015年11月，在时任塞尔维亚总理武契奇来华出席第四次中国—中东欧国家领导人会晤期间签署
	在共建"一带一路"倡议框架下的双边合作规划	2018年7月，在第七次中国—中东欧国家领导人会晤期间签署
捷克	共同推进"一带一路"建设的谅解备忘录	2015年11月，在时任捷克总理索博特卡来华出席第四次中国—中东欧国家领导人会晤期间签署
	在"一带一路"倡议框架下的双边合作规划	2016年11月，在第五次中国—中东欧国家领导人会晤期间签署
保加利亚	共同推进"一带一路"建设的谅解备忘录	2015年11月，在保加利亚总理博里索夫来华出席第四次中国—中东欧国家领导人会晤期间签署
斯洛伐克	共同推进"一带一路"建设的谅解备忘录	2015年11月，在斯洛伐克副总理瓦日尼来华出席第四次中国—中东欧国家领导人会晤期间签署
	关于推进实施丝绸之路经济带合作倡议的谅解备忘录	2016年11月，在第五次中国—中东欧国家领导人会晤期间签署
阿尔巴尼亚	"一带一路"合作谅解备忘录	2017年5月，在"一带一路"国际合作高峰论坛召开期间签署
克罗地亚	"一带一路"合作谅解备忘录	2017年5月，在"一带一路"国际合作高峰论坛召开期间签署
黑山	"一带一路"合作谅解备忘录	2017年5月，在"一带一路"国际合作高峰论坛召开期间签署
波黑	"一带一路"合作谅解备忘录	2017年5月，在"一带一路"国际合作高峰论坛召开期间签署
	共同推进"一带一路"建设的经贸合作协议	2017年6月，在"一带一路"国际合作高峰论坛召开期间签署

续表

	签署的"一带一路"相关合作文件	签署时间
爱沙尼亚	共同推进"一带一路"建设的谅解备忘录	2017年11月，在第六次中国—中东欧国家领导人会晤期间签署
	关于加强"网上丝绸之路"建设合作促进信息互联互通的谅解备忘录	
立陶宛	共同推进"一带一路"建设的谅解备忘录	2017年11月，在第六次中国—中东欧国家领导人会晤期间签署
斯洛文尼亚	共同推进"一带一路"建设的谅解备忘录	2017年11月，在第六次中国—中东欧国家领导人会晤期间签署
匈牙利	共同推进"一带一路"建设的谅解备忘录	2015年6月，中国外交部长王毅在对匈牙利进行正式访问期间和匈牙利外交与对外经济部部长彼得·西亚尔托共同签署
	在共建"一带一路"倡议框架下的双边合作规划	2017年11月，在第六次中国—中东欧国家领导人会晤期间签署
北马其顿	在中马经贸混委会框架下推进共建丝绸之路经济带谅解备忘录	2015年4月，在中马政府间经贸混委会第七次例会期间签署
罗马尼亚	关于在两国经济联委会框架下推进"一带一路"建设的谅解备忘录	2015年，中国商务部同罗马尼亚经济部共同签署
拉脱维亚	共同推进"一带一路"建设的谅解备忘录	2016年11月，在第五次中国—中东欧国家领导人会晤期间签署
	"一带一路"倡议下交通物流领域合作谅解备忘录	

资料来源：笔者通过网络资料整理。

另一方面，中国—中东欧国家合作机制于2012年4月宣告成立。这是中国和中东欧国家以传统友好为底色，基于合作共赢、共谋发展的共同意愿携手打造的跨区域合作平台。经过10年的发展，中国与中东欧国家共同探索，在进一步做大共同利益"蛋糕"的同时，也从具体诉求出发，开辟了各领域协调互动的畅通渠道。目前，在中国—中东欧国家合作机制框架下，双方已建立了几十类专业性协调机制平台，涉及旅游、高校、投资、农业、技术转移、智库、基础设施、物流、林业、卫生、能源、海事、中小企业、文化、银行、环保、青年等多个领域，不仅确保不同领域关键问题能够得到及时有效的解决，而且通过互通有无、平等协商，为发掘各领域利益契合点提供了平台支撑。依托高效的联动发展网络，中国与中东欧国家科技人才对接将更加顺畅，为中国人才引进提质增效带来了新的机遇。值得关注的是，第一届中国—中东欧国家青年科技人才论坛于2021年9月在宁波成功举办，这为双方科技人才互动建立了更具针对性的常态化沟通机制，将更好地激发双方青年科技人才交流的积极性，并为更多中东欧国家高端科创人才来华工作提供便利，成为中国推进科技人才引进的关键抓手。

表4.2 中国—中东欧国家合作框架下部分已建成或筹建中各领域平台

	各领域协调机制或平台名称	秘书处所在地
已建成平台	中国—中东欧国家投资促进机构联系机制	波兰
	中国—中东欧国家联合商会	波兰（执行机构）、中国（秘书处）
	中国—中东欧国家中小企业联合会	克罗地亚
	中国—中东欧国家农业合作促进联合会	保加利亚
	中国—中东欧国家旅游促进机构和旅游企业联合会	匈牙利
	中国—中东欧国家高校联合会	轮值
	中国—中东欧国家地方省州长联合会	捷克
	中国—中东欧国家交通基础设施合作联合会	塞尔维亚
	中国—中东欧国家物流合作联合会	拉脱维亚
	中国—中东欧国家能源项目对话与合作中心	罗马尼亚
	中国—中东欧国家智库交流与合作网络	中国
	中国—中东欧金融控股公司	中国
	中国—中东欧国家林业合作协调机制	斯洛文尼亚
	中国—中东欧国家技术转移中心	斯洛伐克
	中国—中东欧国家文化协调中心	北马其顿
	中国—中东欧国家卫生合作促进联合会	中国
	中国—中东欧国家医院联盟	中国
	中国—中东欧国家公共卫生合作机制	中国
	中国—中东欧国家海事和内河航运秘书处	波兰
	中国—中东欧国家银联体	中国（秘书处）、匈牙利（协调中心）
	中国—中东欧国家舞蹈文化艺术联盟	保加利亚
	中国—中东欧国家农产品电子商务物流中心	中国
	中国—中东欧国家兽医科学合作中心	波黑
	中国—中东欧国家环保合作机制	黑山
	中国—中东欧国家音乐院校联盟	中国
	中国—中东欧国家艺术创作与研究中心	中国
	中国—中东欧国家出版联盟	中国

续表

	各领域协调机制或平台名称	秘书处所在地
已建成平台	中国—中东欧国家智慧城市协调中心	罗马尼亚
	中国—中东欧国家金融科技协调中心	立陶宛
	中国—中东欧国家青年艺术人才培训和实践中心	中国
	中国—中东欧国家文创产业交流合作中心	中国
	中国—中东欧国家全球伙伴中心	保加利亚
	中国—中东欧国家图书馆联盟	中国
筹建中平台	中国—中东欧国家青年发展中心	阿尔巴尼亚
	中国—中东欧国家卫生人才合作网络	不确定
	中国—中东欧国家卫生政策合作网络	不确定
	中国—中东欧国家创新能力建设工作组	塞尔维亚
	中国—中东欧国家海关信息中心	匈牙利
	中国—中东欧国家体育协调机制	待定
	中国—中东欧国家信息通信技术协调机制	克罗地亚
	中国—中东欧国家区块链中心	斯洛伐克
	中国—中东欧国家创意中心	黑山
	中国—中东欧国家女性创业网络	罗马尼亚

资料来源：笔者根据中国—中东欧国家领导人会晤发布的历次纲要整理。

2. 稳健的经济发展步伐提升了中国对中东欧国家科技人才的吸引力[①]

根据推拉理论（Push and Pull Theory），劳动力的流动是受流入地以及流出地之间推力及拉力共同作用的结果，涉及经济因素、地理远近、文化亲疏以及语

---

① 为了客观衡量数据的动态变化，如无特别指出，本小节所涉及的关于中东欧国家的统计数字均包含了立陶宛和希腊。

言差异等因素，而经济因素在其中发挥着至关重要的作用。对于科技人才而言，其处于人才队伍的顶端，虽然影响其流动的因素相对复杂，但既有理论已说明，地区经济水平与个体职业发展机会是决定其流向的两大核心因素。

改革开放以来，中国经济实力稳步提升，为全球经济增长作出了重要贡献。近年来，随着经济体量的不断增大，中国经济发展步入新常态阶段，宏观经济增速放缓，但在2020年以前始终维持了6%以上的增长水平。国家统计局数字显示，2019年，中国国内生产总值达99.1万亿元，按年平均汇率折算达到14.4万亿美元，稳居世界第二位，同比增长6.1%，明显高于全球经济增速，在经济总量1万亿美元以上的经济体中位居第一，对世界经济增长贡献率达30%左右，是推动世界经济增长的主要动力源。人均国内生产总值70892元人民币，按年平均汇率折算达到10276美元，首次突破1万美元大关，高于中等偏上收入国家平均水平。在全球新冠肺炎疫情暴发的背景下，世界经济陷入深度衰退，而中国凭借有力的防控举措，率先在全球实现复工复产，成为引领全球经济复苏的"火车头"。根据世界银行统计数据显示，2020年全球GDP同比下滑3.6个百分点，而面对严峻复杂的疫情形势，中国经济再创历史新高，达到101.6万亿元，经济增速达 2.3%，在全球主要经济体中唯一实现经济正增长。2021 年，中国经济增长全面提速，国内生产总值达 114.4 万亿元，按不变价格计算，比上年增长 8.1%，人均国内生产总值超 8 万元人民币，按年均汇率折算为 12551 美元，超世界人均 GDP 水平，接近高收入国家人均水平下限。中国经济之所以能够保持稳定增长，一方面得益于坚决果断的科学防控措施，另一方面也离不开经济结构的优化调整。面对国际市场供给与需求同步下降的情况，中国依靠技术创新与产业升级，有效推动了自身的全产业链布局，使国内大循环作用得以有效发挥，从而为经济增长提供了强劲的内需动力。

对于中东欧国家来说，自 20 世纪东欧剧变以来，多国在经济体制方面发生了根本性变革，并且在 21 世纪表现出了极强的发展活力，成为欧洲"新兴市场"的代表。2010—2019 年，中东欧国家国民生产总值增长率为 24%，这使其成为欧盟乃至整个欧洲的重要经济增长引擎。[①] 不过，随着新冠肺炎疫情的到来，中东欧国家经济遭遇逆流，2020 年 4.4% 的经济降幅相较于世界经济降幅仍低了 1.1 个百分点。而在人均国内生产总值方面，2020 年，中东欧国家经济全部为负增

---

① 2010—2019 年中东欧国家国民生产总值增长率的计算包含了希腊和立陶宛，同时采用了 2015 年不变价美元作为计量单位。

长，其中黑山降幅甚至达到了15.2%。根据世界银行统计数据，虽然中东欧国家2021年GDP增长率由负转正，且实现了6%的增幅，但也不得不面对不确定性因素的干扰，如新冠病毒变种是否会给经济复苏带来新的消极影响？各国通胀率提升的迹象越来越明显，美国已经释放出退出宽松货币政策的信号，中东欧国家应以何种力度和时机退出宽松货币政策？中东欧国家将陆续降低政府补贴力度以缓解财政赤字压力，而这是否会阻碍其经济复苏之路？新一轮乌克兰危机的爆发将会给中东欧国家带来何种冲击？以上种种都在考验着中东欧国家的经济韧性，其经济前景依然不容乐观。

可见，中国与中东欧国家在经济发展上已形成了鲜明对比，这将给各自就业环境带来显著影响。中东欧国家经济风险的上升给其科技人才就业以及职业发展造成了阻力，而中国良好的经济发展前景将成为明显的人才竞争优势，对中东欧国家科技人才产生更大的吸纳效应。同时，中国对于科技发展给予了前所未有的重视，不仅研究经费支出逐年增长，而且在众多科技领域已跻身世界先进行列，不断改善的科研环境与巨大的科技发展潜力将进一步提升中东欧国家科技人才来华发展的职业预期，使中国成为其实现科研理想的最优选择。

```
                                                                    8.00
  (%)
 12
 10  9.55
          7.86  7.77  7.43                                          6.00
  8                       7.04  6.85  6.95  6.75
                                                  5.95              5.90
  6
       3.34        2.84  3.12 3.17        3.27
  4         2.67               2.83 3.39       2.60
                         3.33       4.30 4.14 3.79  2.35
  2                 2.50     2.63
       0.85   0.80
  0        -0.45                                   -3.29
 -2
 -4                                               -4.36
 -6
       2011年 2012年 2013年 2014年 2015年 2016年 2017年 2018年 2019年 2020年 2021年
              ─▲─ 中东欧国家    ─●─ 中国      ─★─ 世界
```

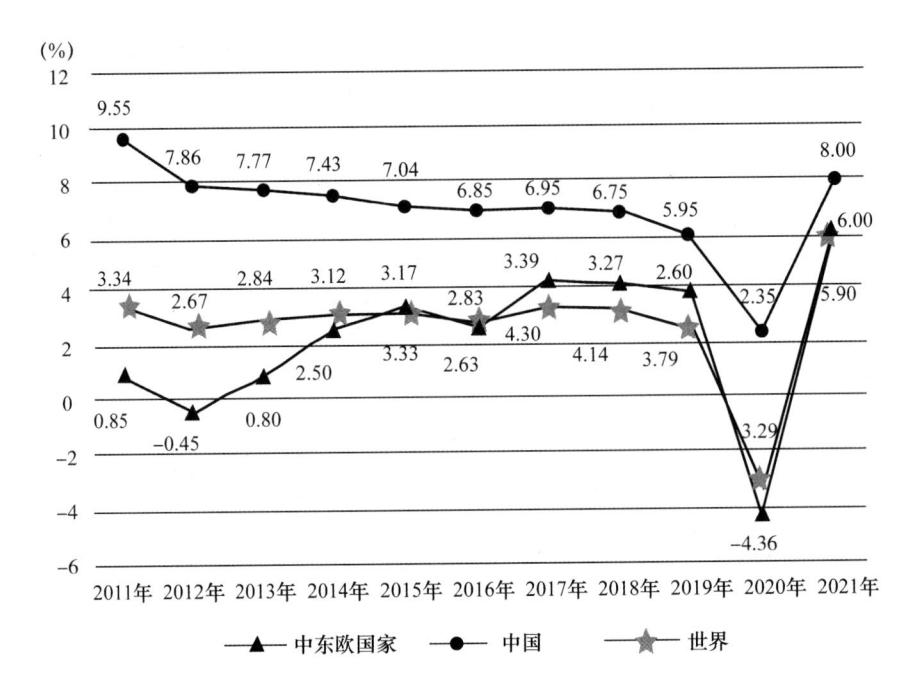

图 4.1 中国、中东欧国家以及世界以 2015 年不变美元计算的 GDP 增长率

资料来源：世界银行。

表 4.3　　中国、中东欧国家以及世界人均 GDP 增长率　　（单位：%）

	2011年	2012年	2013年	2014年	2015年	2016年	2017年	2018年	2019年	2020年	2021年
爱沙尼亚	7.59	3.6	1.82	3.28	1.79	3.13	5.66	3.77	3.71	-3.25	8.37
拉脱维亚	4.45	8.37	3.11	2.86	4.74	3.31	4.23	4.8	3.2	-3	5.44
匈牙利	2.15	-0.75	2.09	4.5	3.95	2.49	4.55	5.49	4.6	-4.47	7.54
捷克	1.55	-0.92	-0.08	2.15	5.18	2.34	4.89	2.85	2.62	-6.04	3.29
波兰	4.7	1.33	1.19	3.46	4.31	3.19	4.82	5.35	4.77	-2.5	6.06
斯洛伐克	2.51	1.19	0.55	2.62	5.12	1.8	2.82	3.65	2.47	-4.44	3.24
斯洛文尼亚	0.65	-2.84	-1.16	2.67	2.13	3.12	4.75	4.04	2.53	-4.76	7.88
阿尔巴尼亚	2.82	1.58	1.19	1.99	2.52	3.48	3.9	4.28	2.55	-3.4	9.55
克罗地亚	0.26	-1.98	-0.09	0.06	3.37	4.26	4.66	3.82	4.06	-7.69	14.66

续表

	2011年	2012年	2013年	2014年	2015年	2016年	2017年	2018年	2019年	2020年	2021年
保加利亚	2.76	1.34	0	1.54	4.09	3.77	3.52	3.43	4.77	-3.81	4.70
罗马尼亚	2.41	2.5	4.16	4	3.44	5.31	7.94	5.09	4.74	-3.5	6.67
波黑	2.18	0.72	4.15	2.91	4.67	4.46	4.24	4.6	3.55	-2.6	7.67
黑山	3.12	-2.81	3.45	1.68	3.33	2.93	4.7	5.1	4.1	-15.21	12.64
塞尔维亚	2.85	-0.2	3.39	-1.13	2.31	3.88	2.65	5.07	4.89	-0.41	8.25
北马其顿	2.16	-0.58	2.78	3.46	3.72	2.74	0.98	2.8	3.89	-5.02	4.34
希腊	-10.02	-6.58	-1.81	1.15	0.46	-0.07	1.29	1.87	1.91	-8.97	8.70
中国	8.95	7.13	7.05	6.75	6.42	6.24	6.3	6.25	5.57	2.12	8.01
世界	2.13	1.43	1.61	1.89	1.96	1.64	2.22	2.14	1.52	-4.27	4.82

资料来源：世界银行。

3. 持续的欧盟内部分化为中东欧国家科技人才"东流"拓展开辟了机会"窗口"

近年来，在英国"脱欧"、民粹主义等问题的不断冲击下，欧盟一体化矛盾不断升级，出现了前所未有的"碎片化"发展趋势。特别是自2022年2月新一轮乌克兰危机爆发以来，出于不同的利益考量，欧盟内部态度立场存在明显差异，而这是近来欧盟内部分化持续的又一现实体现。内部分化的加剧不但造成了欧盟市场需求趋于疲软，使得经济发展面临极大的不确定性，并且政策差异与立场矛盾的激化也使得欧盟与"团结一致、共同前行"的发展方向渐行渐远。2004年、2007年以及2013年的欧盟东扩，中东欧有11个国家陆续加入欧盟,在一体化市场的带动下,欧盟新成员经历了一轮经济的高速增长,经济发展水平快速与老欧盟成员国趋同。但欧盟身份如同一把双刃剑,融入西欧市场虽然给中东欧国家提供了新的发展机遇,然而,对外依存度的不断上升使中东欧国家对欧盟市场变化愈加敏感,即使细小的变动都会马上传导至这些国家,加之在难民政策、司法改革、对外战略等问题上的分歧,引发了欧盟新老成员国之间的相互不满,进一步加大了西欧与中东欧国家的裂痕。2017年年初,法、德、意、西四国领导人甚至明确表示对于"多速欧洲"的支持,这种充满"单干"色彩的主张充分表现出了欧盟对于中东欧国家"疏远"的态度,而欧盟发展红利的减弱也促使中东欧国家不得不另寻发展道路,以更为紧密的次区域联盟,积极寻求欧盟以外的合作机会。中东欧国家在欧盟中"二等公民"的位置在短期内难以改变,而中东欧社会对欧盟认同感的下降也对其科技人才的流向选择产生了影响,这恰好为中国拓展中东欧人才市场,实现人才"东流"创造了难得的"窗口"。

一方面,中国与中东欧国家的合作是以互利共赢为基础,对于在欧盟内部逐渐被边缘化的国家来说,无疑是一种良好的外部提振。尤其是在中国—中东欧国家合作机制的作用下,这些欧盟"二等公民"的经济自主能力和市场竞争能力将得到切实增强，中东欧企业将更加不甘心做欧盟产业链末端的"苦力"，其科技人才向欧盟发达国家"输血式"供给现状也将得到改变，中国也将因此吸引其高端人才更多的"目光"。另一方面，由于近年来整体经济不振，欧盟资金供应出现缺口，其给予海外科技人才的支持力度也将有所下降。谋求更好的工作机会和生活条件是人才流动的重要因素，中国对于海外科技人才给予了充分的重视，研发投入强度逐年递增，这将使中国在人才引进方面不同于西欧"口惠而实不至"的形象。中国还将以保障人才利益与重视人才发展作为引才的根本抓手，使中国成为中东欧国家科技人才追求实现价值的"理想栖息地"。

4. 日益密切的经贸与人文交流为拉紧中国—中东欧国家人才纽带提供了有力支撑[①]

经贸合作是激发人才流动的重要原动力之一，而人文交流为跨越人才流动障碍开辟了交融之路，在增进不同国家相互理解、相互尊重、相互信任的同时，也为中国引进海外科技人才搭建了多元包容民心相通之桥。

[①] 为了客观衡量数据的动态变化，如无特别指出，本部分所涉及的关于中国与中东欧国家的统计数字均包含了立陶宛，但不包含希腊。

在经贸合作方面，在近年来一系列多边、双边经贸合作成果的支持下，中国同中东欧国家贸易额迅速增加，表现出了巨大的贸易合作挖掘空间。根据中国海关公布数据显示，2012年，中国同中东欧国家贸易总额为520.58亿美元，而到了2014年，双方贸易额首次突破了600亿美元大关，达到了602.13亿美元，两年增幅高达15.67%。虽然受中国整体贸易趋势的影响，2015年，中国同中东欧国家贸易总额有所下滑，但2016年，中国与中东欧国家贸易逆势增长，在中国对外贸易下降6.77%、对欧洲贸易下降2.66%的情况下，实现了与中东欧国家贸易4.38%的显著增长。2019年，中国同中东欧国家（含希腊）贸易额达到了954.52亿美元，同比增长6.91%，与中东欧国家（不包含希腊）贸易额为869.88亿美元，不仅连续两年突破了800亿美元大关，并且7年来67.1%的巨大增幅也使得中东欧地区成为中国对外贸易不可忽视的关键增长点。2020年，中国与中东欧国家（含希腊）贸易额达1034.5亿美元，首次突破千亿美元，增长8.4%，是中国对外贸易增速的3倍以上、中国与欧盟贸易增速的2倍以上，在全球新冠肺炎疫情阴霾笼罩下，成为助力中国保持高水平对外贸易合作的重要支持与关键示范。

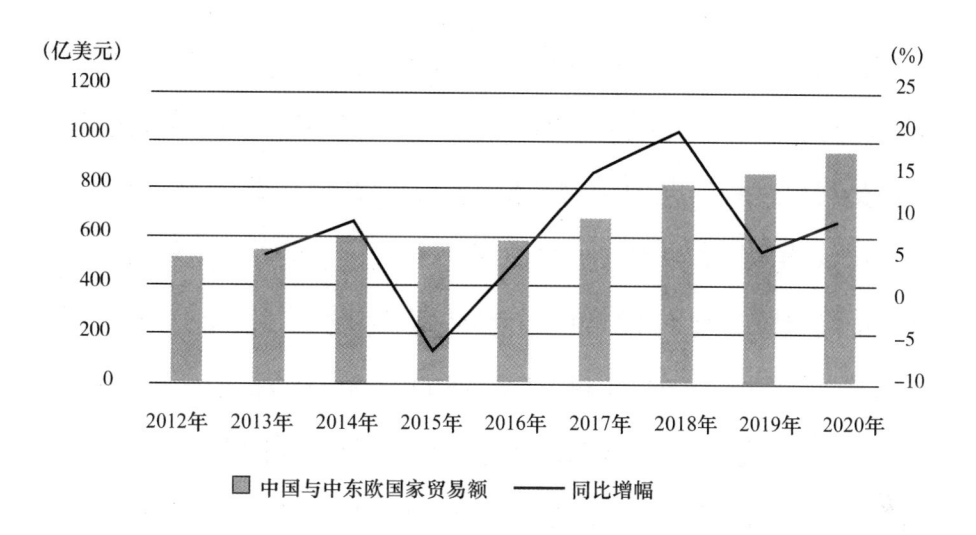

图 4.2　2012—2020 年中国同中东欧国家贸易情况

注：由于希腊于 2019 年加入中国—中东欧国家合作，因此数据中未包含希腊，但包含立陶宛。

资料来源：中国海关。

近年来，中国与中东欧国家投资合作也呈总体上升趋势。根据《对外直接投资统计公报》显示，2003 年，中国对中东欧国家直接投资净额仅为 673 万美元，随着欧盟东扩以及中国在提升双边关系质量上的不懈努力，2007 年，这一数值已跃升至 3893 万美元，在实现了 478.5% 巨大增幅的同时，还创造了截至当年中国对中东欧直接投资流量的最大值。虽然在 2008 年国际金融危机的冲击下，中东欧国家经济的普遍衰退使得中国对其直接投资数额出现了小幅回落，但经济优势的互补以及双边关系的深化使得投资水平迅速回升。2009 年，中国对中东欧直接投资流量继续攀升至4654万美元，同比上升23.7%，即使在面对欧债危机的不利影响下，中国对中东欧直接投资依然保持了迅猛的增长势头。2010年，中国流向中东欧直接投资额达到了4.19亿美元，近8倍的增幅远高于中国对欧洲及全球直接投资提升水平。自2010年之后，中国对中东欧直接投资流量一直维持在亿元大关水平，这得益于中国与中东欧国家合作框架的不断完善以及双边合作成果的积极落实，特别是在《布加勒斯特纲要》的有效引导下，2014年，中国对中东欧国家直接投资再度突破2亿美元，同比增速更是达到了惊人的100%。2018年，中国对中东欧国家直接投资流量已达6.05亿美元，在国际直接投资大幅下降的情况下，逆势上涨64.4%，达到了历史峰值。虽然在全球经济不振以及新冠肺炎疫情的影响下，中国对中东欧国家直接投资在2019年与2020年出现了较为明显的下滑，但双方都在积极寻求国际生产合作，加之中东欧在资源、区位和政策等方面优势，疫情后中东欧国家将释放出更大的投资潜能，而中国对中东欧国家直接投资水平也将迎来新一轮增长。同时，中东欧国家对华投资也保持了上涨态势，根据中国商务部和国家统计局公布的数据显示，中国与希腊、保加利亚、匈牙利、波兰、罗马尼亚、爱沙尼亚、拉脱维亚、斯洛文尼亚、克罗地亚、捷克、斯洛伐克11个中东欧国家直接投资在2020年达6218万美元,较2013年上涨108.4%,而截至2020年年底,中东欧国家(含希腊)累计对华投资达17.2亿美元,同样彰显了其布局与拓展中国市场的强烈愿望与热情。

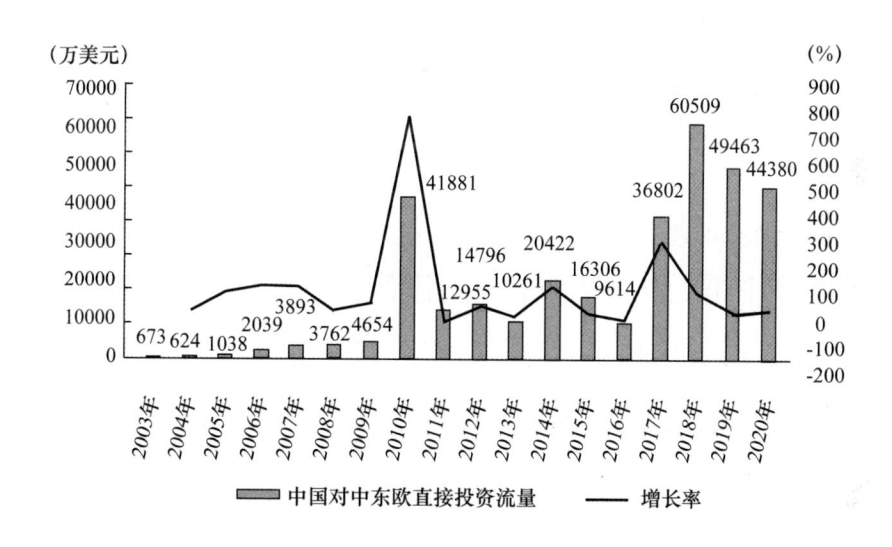

图4.3 2003—2020年中国对中东欧国家直接投资流量

注:由于希腊于2019年加入中国—中东欧国家合作,为了直观呈现投资变化,数据未包含希腊。

资料来源:根据2004—2021年《中国对外直接投资统计公报》整理和计算。

在人文交流方面,在中国—中东欧国家合作机制的推动下,双方在教育、旅游、媒体、智库等领域开展了丰富的活动,人文互动展现出前所未有的热情。在教育领域,目前中国与中东欧国家已形成"中国—中东欧国家教育政策对话"和"中国—中东欧国家高校联合会"两大机制，双方在校际交流合作、学历学位互认、双向留学、语言教学合作、地方合作等方面取得了一系列成果。中国已与11个中东欧国家（含希腊）签订了相关教育合作协议，并与8个国家签署互认高等教育学历学位协议。同时，双方在语言教学和双向留学方面也成果斐然。截至目前，中国与中东欧国家（含希腊）合作建立了35所孔子学院和44个孔子课堂，学员5.2万余人，还依托孔子学院举办了丰富多彩的文化和教育活动，参与人数达51万余人；中国与中东欧国家校际交流活跃，目前中国共有19所高校开设了中东欧国家的非通用语专业，双向留学规模已经超过1万人，为促进双方教育交流作出了重要贡献。

表4.4　　2012年以来中国普通高等学校新设中东欧语种本科专业一览

	专业	学校	小计	合计
2018年	波兰语	北京体育大学、吉林外国语大学、浙江越秀外国语学院、浙江外国语学院、四川外国语大学	5	15
	捷克语	北京体育大学、大连外国语大学、长春大学、吉林外国语大学、四川外国语大学	5	
	塞尔维亚语	上海外国语大学、北京体育大学	2	
	罗马尼亚语	北京语言大学	1	
	克罗地亚语	北京体育大学	1	
	匈牙利语	北京体育大学	1	

续表

	专业	学校	小计	合计
2017年	捷克语	浙江越秀外国语学院、浙江外国语学院、四川外国语大学成都学院、西安外国语大学	4	17
	匈牙利语	华北理工大学、四川外国语大学成都学院、西安外国语大学	3	
	罗马尼亚语	天津外国语大学、西安外国语大学	2	
	波兰语	大连外国语大学、长春大学	2	
	保加利亚语	北京第二外国语学院、天津外国语大学	2	
	塞尔维亚语	天津外国语大学	1	
	斯洛文尼亚语	北京第二外国语学院	1	
	斯洛伐克语	北京第二外国语学院	1	
	阿尔巴尼亚语	北京第二外国语学院	1	
2016年	波兰语	上海外国语大学、四川大学、天津外国语大学、四川外国语大学成都学院、西安外国语大学	5	15
	捷克语	上海外国语大学、天津外国语大学、广东外语外贸大学	3	
	塞尔维亚语	北京第二外国语学院、广东外语外贸大学	2	
	罗马尼亚语	北京第二外国语学院、河北经贸大学	2	
	匈牙利语	天津外国语大学	1	
	立陶宛语	北京第二外国语学院	1	
	爱沙尼亚语	北京第二外国语学院	1	
2015年	匈牙利语	上海外国语大学、北京第二外国语学院、四川外国语大学	3	8
	捷克语	北京第二外国语学院、石家庄经济学院[①]	2	
	波兰语	北京第二外国语学院	1	
	拉脱维亚语	北京第二外国语学院	1	
	马其顿语[②]	北京外国语大学	1	
2014年	无	无	0	0
2013年	波兰语	广东外语外贸大学	1	1
2012年	无	无	0	0

资料来源：《中国—中东欧国家合作进展与评估报告（2012—2020）》。

[①] 2016年3月，石家庄经济学院更名为河北地质大学。资料来源于《教育部关于普通高等学校本科专业设置备案和审批结果的通知》（2012—2018年）。

[②] 教育部关于普通高等学校新增本科专业有备案专业和审批专业两类。新增审批本科专业是教育部现有专业目录中没有的，马其顿语即属此类情况。

表 4.5　2010—2018 年成立的国内中东欧区域或国别研究机构（不完全统计）

	序号	机构名称	成立时间	备注
区域	1	北京大学国际关系学院中东欧研究中心	2010 年 1 月	首家高校相关研究机构
	2	中国社科院欧洲研究所中东欧研究室	2011 年上半年	社科院第二家中东欧研究室
	3	北京外国语大学中东欧研究中心	2011 年 12 月	教育部国别区域培育基地
	4	同济大学中东欧研究所	2012 年 5 月	—
	5	上海对外经贸大学中东欧研究中心	2012 年 5 月	教育部国别区域培育基地
	6	首都师范大学文明区划研究中心	2012 年 6 月	教育部国别区域研究基地
	7	重庆中东欧国家研究中心	2013 年 7 月	—
	8	宁波中东欧国家合作研究院	2016 年 6 月	—
	9	河北经贸大学中东欧国际商务研修学院	2016 年 6 月	—
	10	四川大学波兰与中东欧问题研究中心	2016 年 10 月	2017 年教育部备案国别区域研究中心
	11	中欧陆家嘴国际金融研究院中东欧经济研究所	2017 年 1 月	—
	12	南京航空航天大学外国语学院巴尔干地区研究中心	2017 年 3 月	2017 年教育部备案国别区域研究中心
	13	浙江大学中东欧研究中心	2017 年 3 月	2017 年教育部备案国别区域研究中心
	14	中国—中东欧研究院	2017 年 4 月	境外（匈牙利）注册合作智库
	15	北京第二外国语学院中东欧研究中心	2017 年	2017 年教育部备案国别区域研究中心
	16	北京交通大学中东欧研究中心	2017 年	2017 年教育部备案国别区域研究中心
	17	华东师范大学中东欧研究中心	2017 年	2017 年教育部备案国别区域研究中心

续表

	序号	机构名称	成立时间	备注
区域	18	北京外国语大学巴尔干研究中心	2017 年	2017 年教育部备案国别区域研究中心
	19	辽宁大学俄罗斯东欧中亚研究中心	2017 年	2017 年教育部备案国别区域研究中心
	20	辽宁大学波罗的海国家研究中心	2017 年	2017 年教育部备案国别区域研究中心
	21	北京语言大学中东欧研究中心	2017 年 12 月	2017 年教育部备案国别区域研究中心
	22	贵州大学波罗的海区域研究中心	2017 年 12 月	2017 年教育部备案国别区域研究中心
	23	西南财经大学中东欧与巴尔干地区研究中心	2017 年 12 月	—
	24	天津理工大学"一带一路"中东欧研究院	2017 年 12 月	—
	25	河北外国语学院中东欧国家研究中心	2018 年	
	26	河北外国语学院巴尔干国家研究中心	—	—
	27	中国—中东欧城市基础设施建设与投资研究中心	2018 年	秘书处设在宁波工程学院
	28	广东外语外贸大学中东欧研究中心	2019 年 3 月	
国别	29	北京外国语大学波兰研究中心	2011 年 12 月	2017 年教育部备案国别区域研究中心
	30	北京第二外国语学院波兰研究中心	2015 年 6 月	2017 年教育部备案国别区域研究中心
	31	东北大学波兰研究中心	2015 年 6 月	—
	32	河北地质大学捷克研究中心	2015 年 11 月	2017 年教育部备案国别区域研究中心
	33	北京第二外国语学院匈牙利研究中心	2015 年 11 月	2017 年教育部备案国别区域研究中心

续表

	序号	机构名称	成立时间	备注
国别	34	上海交通大学保加利亚中心	2016年1月	—
	35	华北理工大学匈牙利研究中心	2016年6月	2017年教育部备案国别区域研究中心
	36	西安外国语大学波兰研究中心	2017年6月	2017年教育部备案国别区域研究中心
	37	浙江金融职业学院捷克研究中心	2017年9月	2017年教育部备案国别区域研究中心
	38	北京外国语大学匈牙利研究中心	2017年5月	2017年教育部备案国别区域研究中心
	39	浙江大学宁波理工学院波兰研究中心	2017年6月	2017年教育部备案国别区域研究中心
	40	西安翻译学院匈牙利研究中心	2017年10月	—
	41	北京外国语大学罗马尼亚研究中心	2017年	2017年教育部备案国别区域研究中心
	42	北京外国语大学阿尔巴尼亚研究中心	2017年	2017年教育部备案国别区域研究中心
	43	北京外国语大学保加利亚研究中心	2018年4月	2017年教育部备案国别区域研究中心
	44	河北经贸大学塞尔维亚研究中心	2018年6月	—
	45	南京师范大学法学院斯洛伐克法律研究中心	2018年12月	—

注：（1）成立时间仅标为2017年以及标有揭牌的中心为申报2017年教育部备案国别区域研究中心前后成立的。（2）其他如斯拉夫国家研究中心等同中东欧相关或部分重合的研究中心以及希腊研究中心未列入。

资料来源：《中国—中东欧国家合作进展与评估报告（2012—2020）》。

在旅游交往方面，中国—中东欧国家旅游合作首次高级别会议于2014年召开，并由匈牙利牵头设立了中国—中东欧国家旅游促进机构和旅游企业联合会协调中心。在政策的鼓励与推动下，中国与中东欧国家双向旅游人数已突破每年100万人次，其中，中国赴中东欧国家旅游人数增长显著，2018年中国赴中东欧国家游客数量已占中国赴欧游客数量的近1/3。在日益增长的旅游需求下，塞尔维亚、黑山、波黑、阿尔巴尼亚等国纷纷对华采取免签证或季节性免签证政策，而中国也于2016年对中东欧国家公民实行了72小时过境免签政策。

此外，中国与中东欧国家在智库交流方面也进入了历史最活跃时期。2015年12月，中国—中东欧国家智库交流与合作网络正式揭牌成立，通过协调、组织中国与中东欧各国相关智库之间进行合作研究与交流，为汇聚中国—中东欧国家合作理论创新、展示前沿研究成果、传递各自发展理念给予了有力支撑。之后，中国—中东欧国家全球伙伴中心于2019年4月成立，旨在通过集合智库、企业、地方力量，推动中国—中东欧国家务实合作高质量发展，并秉承聚焦务实、服务合作的基本理念，为中国与中东欧国家的经贸往来、互知互鉴提供联系平台与智力支持。可见，在中国与中东欧国家的大力支持与推动下，双方智库人员交流更具规模和系统化,交流的频率、产生的成果均超以往。

可见,互利互惠的经贸务实合作为中国与中东欧国家科技人才开辟出了高效的供需对接途径,而互信互敬的人文交流也进一步增强了科技人才对于对方国家的认识和了解,增进人民之间的友谊与感情,从而为中国营造出良好的人才软环境,使中东欧国家科技人才在华工作可以获得切实的归属感、认同感与成就感,使中国成为其展现创新能力的最佳平台。

(二)中国引进中东欧国家科技人才面临的风险挑战

虽然当前中国在引进中东欧国家科技人才方面已取得一些成果,且拥有着广阔的发展前景与机遇,但地缘关系的敏感性、区域发展的差异性、公共突发事件的破坏性等一系列外部因素以及中国"引智"政策的滞后性、引才渠道的局限性、引才结构的盲目性等内部因素都阻碍着中国对于中东欧国家的人才探索与吸引,导致引才效率低下,用才效果不佳。有鉴于此,本部分将深入剖析中国与中东欧国家科技人才引进障碍,全面梳理中国同中东欧国家科技人才对接面临的挑战,以期为中国优化人才引进策略、释放中东欧国家科技人才能效提供有价值的经验参考与依据。

1. 外部环境因素

（1）敏感的地缘政治关系给中东欧国家科技人才引进带来了不确定性

中东欧地处亚欧大陆枢纽地带，是联通亚洲与欧洲的核心要道，具有重要的地缘战略价值，长期以来都是域外大国博弈的焦点。虽然自东欧剧变以来，中东欧国家成为真正意义上的国际关系主体，但在利益的驱使下，域外大国并没有停止在中东欧地区的"争夺"，其通过一系列的政策布局，持续强化对中东欧国家的控制，以求稳固并扩大自身在中东欧的战略影响。同时，中国与中东欧国家于2012年建立了中国—中东欧国家合作机制，以期通过机制化合作，强化双方政治和经贸关系。随着在机制框架下中国与中东欧国家互动日益密切，域外大国的神经有所紧张。例如，美国认为中国与中东欧国家关系的深化会削弱其在中东欧地区的影响力，进而损害其在欧洲的战略利益。欧盟则担心中国会采用经济手段对其进行政治分化，通过形成亲华的"小集团"以降低欧盟对中东欧国家的吸引力，并阻碍欧盟形成一致的对外政策目标。俄罗斯也担心中国同中东欧国家合作的加深会挤占其在欧亚地区的控制力与发展空间，从而对其能源与贸易的发展构成一定威胁。在这种对抗思维的驱使下，域外大国纷纷展开行动以限制中国—中东欧国家合作。例如，美国以信息安全为由胁迫中东欧国家选边站队，陆续提出"清洁网络"和"蓝点网络"计划等，旨在将中国排挤出中东欧，巩固美国在中东欧地区的主导地位。拜登作为坚定的跨大西洋主义者，不仅企图构建"联欧抗中"的对华统一阵线，而且提出了"重建更好世界"（Build Back Better World，"B3W"）计划，通过"满足"中东欧地区基建需求，进一步弱化该地区国家的对美排斥，挑拨中东欧国家的反华情绪。欧盟不但公开反对中国同中东欧国家关系"长期化"与"机制化"的提法，而且还加紧了对于中东欧国家在公共债务率及财政赤字率方面的约束，使得不少中东欧国家不得不放弃通过举债融资开展的项目对接，从而间接拖慢了中国—中东欧国家合作深化的"步伐"。可见，随着中国在中东欧影响力的不断扩大，来自域外大国的警惕及干扰也在逐步增加，不仅挤压了中国与中东欧国家合作空间，使双方科技人才的对接更受关注且更趋敏感；而且增大了双方人才流动渠道拓展的阻力，给中东欧国家科技人才本身造成了压力，影响其就业的合理选择。

在域外大国的负面渲染之下，中东欧国家对于深化中国—中东欧国家合作也出现了疑虑和警惕。这无疑会加大中国与中东欧国家在各领域的合作阻力，从而为中国对其科技人才的引进带来挑战。例如，自 2019 年以来，立陶宛对华态度急转直下，在涉华问题上紧随美国，对华频频发难。2019 年 2 月，立陶宛安全部门在报告中首次将中国列为"国家安全威胁"，同年 7 月，便宣布拒绝中国参与克莱佩达港口建设。2020 年 10 月，立陶宛新政府执政，其对华政策更是偏向激进，特别是在美国的拉拢与鼓动下，立陶宛甚至扮演了反华急先锋的角色，不但公开宣布退出中国—中东欧国家合作机制，而且不顾中国强烈反对，允许台湾当局设立所谓"驻立陶宛台湾代表处"，公然违背一个中国原则，触碰中国底线，使中立关系降至历史冰点。一方面，立陶宛对华态度的转变源于其对华认同感不足以及在参与中国—中东欧国家合作中经济诉求未得到充分满足；另一方面，立陶宛此举是为了示好美国，以换取美国在经济与安全领域对其的支持。中立关系的恶化不仅造成破坏性示范作用，引起更多中东欧国家对华态度"摇摆"；而且立陶宛还在欧盟层面提出对华不利的议案，为欧盟反华情绪推波助澜，使中国与中东欧国家的务实合作面临更大的欧盟审查风险。在敏感的政治关系下，立陶宛在对华科技人才输送上基本进入了"断供"状态，而中立双边关系的破裂也为中国敲响了警钟，即使双方拥有良好的人才合作基础，但政治对抗足以斩断合理的跨国人才流动，给中国对中东欧国家的科技人才引进带来重创。

（2）区域发展的差异性增大了中国对中东欧国家科技引才的复杂度

由于中东欧国家在经济水平、社会环境、产业结构等方面均存在巨大的客观差异，因此在与中国开展务实合作的过程中，其积极性与参与度也存在着明显分化，这导致中国在对中东欧国家科技人才引进中供需对接信息具有不对称性，合作策略倾向表现出了显著差别，从而增大了中国引才的复杂度。

首先，悬殊的经济体量与人口规模影响中国对不同中东欧国家市场潜力的挖掘水平。经济体量大、人口多、市场需求充分的国家，大多与中国开展或计划开展更多规模大、影响力广、合作成效显著的合作项目，而经济体量小、人口少以及市场需求不高的中东欧小国，则通常面临着合作项目少、规模小、影响力低的窘境。例如，塞尔维亚在东南欧市场规模居前，且经历了20世纪90年代战争的破坏，基础设施建设需求十分强烈。近年来，中国与塞尔维亚基建合作成果斐然，贝尔格莱德跨多瑙河大桥、科斯托拉茨电站项目以及匈塞铁路等一大批项目的相继落成不仅体现出了塞尔维亚巨大的市场挖掘潜力，并且中塞工程项目带来两国间更友好的合作关系，为中国科技人才的引进提供了良好的社会互动环境。但同属于东南欧的黑山、北马其顿等中小国家，限于自身的市场经济规模，缺乏同中国开展大规模经贸合作的基础条件，虽然在深化中国—中东欧国家合作机制上呈欢迎的态度，但具体项目落实却出现了合作"真空"，不仅不利于现有机制能效的有效释放，而且降低了人才流动热度，使中国进一步探索其科技人才潜能受到局限，在一定程度上抑制了人才引进的提升空间。

其次，外交关系的倾向性影响中东欧国家科技人才对华合作意愿。中东欧国家分属于不同的组织集团，其中不仅包含了欧盟与非欧盟成员国、欧元与非欧元区，而且有着北约、经合组织等不同集团的分类。集团身份的异质性造成了中东欧国家人才政策的差异，例如，欧盟成员国人员流动障碍低，且西欧对中东欧成员国有着大量的产业转移，由于对"欧盟身份"的认同使得西欧成为部分中东欧成员国科技人才流向的首选。相比较而言，对于未入盟的塞尔维亚等国以及与欧盟存在内部分歧的匈牙利来说，它们更加需要盟外的支持以保证发展节奏，这就为同中国的机制对接创造了良好机遇，也为其科技人才接触中国企业、了解中国发展、培养对华认同提供了更多有利契机。可见，不同的外交倾向性与集团归属性使得中东欧地区内聚性偏弱，而更大的政策协调难度不仅阻碍了中国同中东欧国家整体开展经贸互动的步伐，也使中国引才面临着更为复杂的局面，造成科技人才引进出现区域或国别性失衡。

最后，中国与中东欧国家地理位置相距甚远，中东欧国家历史发展进程与中国有着较大的差异性，这就给双方塑造了截然不同的社会文化传统，在加大交流沟通障碍的同时，也极易在合作中不经意触及对方"禁忌"，给中国人才引进带来不必要的阻碍。一是中东欧国家存在多个语种，根据语言的谱系分类法，中东欧的民族分属印欧和乌拉尔两个语系，拉丁、斯拉夫、希腊、阿尔巴尼亚、波罗的、乌戈尔、芬兰七个语族及再下一级的语支，各民族几乎是各有各的语言和文字，这些语言并非中国热门的小语种类别，因此语言上的显著差异成为中国与中东欧民众沟通交流不畅的重要因素之一。二是宗教信仰作为地区文化环境的关键组成部分，对于民众认识客观世界、塑造价值观念有着重要的影响，因而蕴含着不可低估的社会功能。中东欧国家主要信奉的是世界三大宗教中的两个——基督教和伊斯兰教。基督教又分为天主教、东正教和新教三派，在中东欧都有自己的信徒。多样的宗教构成带来了多元的文化倾向，这使得中东欧国家人才的行为偏好具有复杂性，在加大了中国引才难度的同时，也为留才、用才提出了更高的要求。三是相异的文化背景与宗教信仰造就了不同的价值理念与思维方式。直截了当的语言风格与明敲明打的行事作风使得中东欧人在沟通互动方面与中国人的迂回婉转形成了鲜明的反差，这就造成了引才过程中，对方难以领会中方的意图，而中国人也不易接受对方的风格，加大了人才合作难度。另外，相较于中国文化中对于集体利益的重视，中东欧人才更加倾向于以个人利益为根本出发点的自我价值实现。如果无法改变自身传统行为与理念，那么中国的用人单位将很难调动中东欧国家人才的工作热情，在管理上也极易引发矛盾与误解，从而给引才实效带来负面影响。

（3）公共突发事件的频频发生成为中国对中东欧国家科技人才引进的障碍因素

新冠肺炎疫情是近年来最严重的公共卫生突发事件，不仅严重威胁着全球民众的生命安全，而且随着传播持续时间的不断上升，其负面影响已传导至社会各个部门，并给全球人才流动造成了明显冲击。疫情暴发以来，为了维持自身经济的平稳运行，部分中东欧国家采取了相对消极的防控举措，这不仅一度造成了中东欧成为全球疫情大流行的"震中"地带，并且严峻的防控形势也加大了中国与中东欧国家的对接协调难度，给中国吸收中东欧国家科技人才带来了极大干扰。同时，新冠肺炎疫情也进一步激化了地缘政治矛盾，使中东欧地区逆全球化势力有所抬头。凭借有力的防控措施，中国率先实现经济复苏，而全球经济对中国的依赖性也在疫情中得以凸显。源于对中国国际地位提升的焦虑，中东欧逆全球化倾向的加剧演绎，产业链、供应链"脱钩论""转移论"在部分中东欧国家甚嚣尘上，排华情绪有所上升。一方面，产业链的收缩推动了中东欧国家人才的回流进程；另一方面，部分中东欧国家政客将抹黑中国作为转嫁国内矛盾的重要工具，在其恶意诋毁下，中国形象在中东欧国家面临着新的危机。

新冠肺炎疫情的阴霾尚未散去，俄乌冲突的爆发再次给中东欧国家以"暴击"。2022年2月24日，俄乌冲突骤然爆发，中东欧地区地缘政治风险提升。在自身军事实力不够强大、欧盟防务合作举步维艰的情况下，中东欧国家将俄乌冲突视为自冷战结束以来，甚至是第二次世界大战以来最大的安全威胁。危机之下，中东欧国家之间的矛盾、欧盟内部矛盾、北约内部矛盾均暂时消解，而中东欧国家的反俄亲西倾向显露无遗。虽然中国对于俄乌冲突已经反复申述了自身中立立场，但美国等西方国家刻意将俄乌冲突描述为"民主国家"和"专制国家"之间的战争，并通过散布"中俄捆绑论"，试图在国际社会上孤立中国。中东欧国家一直视俄罗斯为其最主要的安全威胁，加之对欧盟以及北约依赖心态上升，因而在价值观分歧的影响下，对华警惕性增强。这种"价值观边疆"的形成不仅将损害中国与中东欧国家的务实合作基础，而且也会误导中东欧国家民众对中国的看法，从而促使中国与中东欧国家的立场分化，使中国科技人才引进受到影响。

2. 内部制度因素

（1）对于海外科技人才引进缺乏高效的管理体系与有力的法律与政策支撑

第一，长期以来，在海外人才引进工作中，外交、公安、教育、人社、外专等多个部门都拥有着部分管理职能，由于缺乏有效的协调机制，且各部门只关注自身职权内事务，造成了人才引进工作权限碎片化严重、工作落实时有错位或缺位情况发生。例如，海外人才引进工作涉及外国人在中国永久居留、外国专家来华工作、外国人在中国就业、在华留学生管理等多个方面，在现实情况下往往具有交叉性，但由于中国对于不同引才内容采用了平行管理的模式，部门间相互独立且缺乏联系，使得管理效率偏低，无形中增加了对于海外科技人才引进的成本与难度。同时，政府职能部门与市场用人主体之间存在对接障碍，使得用人单位的主体性作用在"引智"工作中没有得到充分体现，而市场在人才资源配置中的决定性作用难以发挥。过度的行政介入容易造成"引智"资源投入的失衡，不仅干扰了均衡的市场人才供需，还在一定程度上影响了市场主体的海外招聘动力与积极性。

第二，中国针对海外人才引进的法律法规未成体系。目前，中国涉及海外人才引进的法律依据散见于《中华人民共和国公民出境入境管理法》《外国人在中国就业管理规定》《外国人在中国永久居留审批管理办法》《外国人在中国永久居留享有相关待遇的办法》等诸多法律规范之中，缺少一部具有统领性的法律法规来规范海外高层次人才引进工作，造成在实际"引智"过程中法律依据不足、法制保障不够、法律漏洞时有暴露。特别是地方政府热衷于轰动效应与短期政绩，虽然竞相出台海外"引智"计划，但因为缺乏明确的法律约束与科学的人才规划，导致盲目攀比资助力度、重引进轻服务等管理问题显著，使得"引得进、用不好、留不住"的现象频发，不仅造成了公共资源的浪费，而且间接影响了中国对于海外科技人才的吸引力。

第三，在海外科技人才引进政策上，中国缺乏具体的实施细则，使得人才引进难以匹配经济社会发展的实际需求。由于人才的聚集与效果的释放需要优质的创新与制度环境作为支撑，只有将引才规划嵌入国家创新系统中，才能有效发挥人才潜力以促进经济社会快速发展。当前，中国科技人才引进政策分散，缺乏配套机制，更缺少从社会经济可持续发展角度的综合规划与设计。人才引进政策具有嵌入性和复杂性的特征，而很多国家的移民政策理念已从"边境管理和控制"转向"人才搜索的政策和工具"，使人才引进成为经济与科技发展战略的重要组成部分。因此，加快构建并完善符合国家整体发展战略的海外科技人才引进政策体系已迫在眉睫，且任重道远。

（2）海外科技人才引进存在机制障碍，难以与国际接轨

通过赋予海外科技人才永久居留资格以吸引高端专业人才和国外资本参与本国建设，促进经济社会发展，是许多国家在发展进程中的普遍做法。在绿卡制度方面，中国绿卡审批有着较高的门槛，自2004年中国永久居留制度实施至2013年的十年间，获得中国永久居留证的外国人仅有7356人。2015年以来，上海、北京等地酌情放宽了中国绿卡的申请条件，带动了持卡人数的上升。2016年，中国永久居留证发放量达1576件，同比增长163%。但相较于当年84.85万的外籍人口，发放比例依然极低，主要原因之一就是中国永久居留证发放范围过窄。在《外国人在中国永久居留审批管理办法》中，人才任职单位限定为"省级人民政府部门或所属机构、重点高校、进行国家重大科研项目的企事业单位、外商投资的高新技术企业、鼓励类企业"。2015年，公安部扩大了申请在华永久居留外国人工作单位范围，但主要集中在国家级实验室和研发中心。就现实需求来说，地方政府虽有引进海外人才的意愿，但中小型、私营企业同样是海外人才引进的重点需求方，却不在申请范围之内，因此限制了海外科技人才在中国的合理布局与创新能力释放。同时，2020年2月，司法部公布《中华人民共和国外国人永久居留管理条例（征求意见稿）》，虽然明显扩大了发放范围，但在社会反馈意见中，也反映出中国民众对于降低引进门槛可能导致低技能移民涌入的担忧。不可否认，中国对于海外人才的评估标准缺乏客观量化，且审核机制透明度偏低，难以形成有效监督。可见，引进海外科技人才政策的落实需要与国内外社会发展形势密切结合，中国应充分借鉴国际有益做法，进一步评估论证，完善优化相关制度设计，在维护好国家安全和社会稳定的基础上，为海外科技人才提供更为畅通的引进路径。

中国现行的担保型工作签证制度是以雇主担保为重点，这无疑限制了部分有意愿来中国创新、创业，但未获得工作邀请的优秀人才。同时，现行制度严格限制了持工作签证外国人随行家属的就业权，虽然这一规定在海外高层次人才引进计划中有所放宽，但中国各领域急需的科技人才未必能入选国家引进计划，从而将削弱此类人才来华工作的积极性与在华工作的稳定性。此外，为满足国内对于专业人才的迫切需求，中国在《中华人民共和国公民出境入境管理法》的普通签证签发事由中新增了"人才引进"类别，有效助力了中国"引智引资"战略的实施。但就其效果而言，人才签证对于科技人才吸引效果尚未有效发挥。一方面，人才签证所涉及的人才评估程序复杂，且评价标准的科学性有待进一步提升。另一方面，人才签证未与永久居留有效衔接，对于有意长期留华工作的海外科技人才来说，其积极性将受到影响。而中国对于科技人才引进的国际竞争力也将有所受限。

（3）海外科技人才引进目标存在盲目性，引才效果大打折扣

首先，从引才渠道上来说，国内在组织海外招聘时主要依靠政府的力量，通过业务主管部门或是各级政府建立的各种平台、组织参加海外招聘会、摆摊子、给册子，难以高效且准确对接用人单位所急需的专业性人才，使得引才效果往往不尽如人意。同时，活动组织者可能缺乏相关经验以及专业知识，忽视了引才与发展规划、用人单位需求之间的关联，而用人单位往往也缺乏专业组织的指导，对于拟引人才的情况只是通过表格、文字的粗略了解，不能全面掌握人才的人文素质、道德品行乃至心理健康状态等深层次的情况，从而使人才与岗位出现错配，为"用才"环节埋下了隐患。相比之下，欧美发达国家的人才搜募工作通常是在专业猎头公司的协助下完成的，其凭借更加专业的信息采集能力与更加完备的人才匹配分析，大大提升了国际人才的招募效率与质量。因此，猎头机构在海外科技人才引进中的作用应引起中国政府与企业的重视。

其次，部分国内企业、机构等将人才引进视为目的而非手段，一味强调人才引进的规模、层次，将高学历、高职称等作为衡量人才质量的硬指标，忽视了其综合素质、发展潜力，使引才工作成为"成绩汇报单"，对于真正的用人需求并不清楚。例如，部分国内高校为了申报学位点，在未明确岗位职责的情况下就开始盲目引才，严重违背了引才战略的初衷。同时，部分高校在人才引进时缺乏计划和考核标准，仅看重论文发表数量，忽视了实际科研及教学能力的考察，导致人才引进后科研成果质量低下、教学任务难以胜任的窘境。

最后，国内对于海外科技人才引进还出现了无谓的恶性竞争情况。国内人才管理改革试验区建设如火如荼，片面依靠优惠政策（如强调资金支持等）抢夺人才和互挖人才，导致重复建设、学科领域同质化现象严重，严重阻碍了人才试验区的市场机制发育和可持续发展。同时，为了盲目攀高，高校、科研机构、创新企业等动辄开出天价科研经费与高额安家费以争夺人才归属，但在科研设施配套、人才团队建设、工作环境营造等方面则投入不足，完全背离了"以用为本"的引才理念，从而加剧了人才结构分布的失衡，造成了人才与公共资源的浪费。

五　中国引进中东欧国家科技人才的区位选择框架与政策优化

（一）中国引进中东欧国家科技人才的区位选择框架

前文对于中东欧国家创新能力与人才构成情况进行了系统的梳理与分析，并且基于中东欧国家面板数据，对于中国与中东欧国家科技人才的交流潜力与人才交流潜力值空间聚类情况进行了科学量化，从而为中国提升对中东欧国家科技人才引进效率提供了可行的方向指引。本部分将在前文基础上，通过综合分析对象国科技人才禀赋与双边合作现状，进一步构建中国对中东欧国家科技人才引进的区位选择框架，以期为重塑中国引才路径、优化引才布局方案、提升引才实效提供合理的规划保障与支持。

1. 中东欧国家科技人才引进核心区

根据前文分析结果，匈牙利、希腊以及斯洛文尼亚三国在中东欧国家中不仅拥有领先的科技创新技术，也表现出了同中国进行人才合作的良好前景，是中国当前推进中东欧科技"引智"的重点核心区域，需要加大人才探索力度与引才投入规模。

（1）匈牙利

科技合作一直是中匈合作的重点。早在1984年，两国便签署了《中匈经济技术合作协定》与《中匈关于成立中匈经济、贸易、科技合作委员会议定书》。1987年，两国进一步签订了《中匈关于经济和科学技术长期合作基本方向的协定》，从而为两国开展技术交流与科技人才合作奠定了良好的前期基础。在有力的政策助力下，中匈科技人才合作较为活跃，2019年，中国与匈牙利人才合作潜力指标得分为1.61，高居中东欧国家榜首，表现出了极大的人才引进空间。同时，欧洲创新记分牌显示，2021年，匈牙利创新绩效达76.42，在中东欧国家中同样表现居前，展现出良好的创新禀赋，也为中国科技人才引进提供了有利契机。

在人才引进的具体领域方面，制造业在匈牙利国民经济中占有核心地位。2020年，匈牙利加工制造业产值约32.7万亿福林（约合1000亿美元），在工业中占比高达95.6%。其中，汽车及零部件是匈牙利支柱产业，拥有配套齐全的汽车工业产业链，科技人才储备也十分充足，是中国人才拓展的重点领域。制药、生物技术也是匈牙利的优势领域，在匈牙利政府的推动下，匈牙利生物制药产业表现出了强劲的发展势头，创新技术颇具竞争力。此外，匈牙利是中东欧国家中最大的电子产品生产国，全球知名电子产品制造商均在匈牙利设立了生产及研发基地，而中国华为与中兴等代表性电子制造企业也在匈牙利设立了海外地区分部，为相关领域人才引进开辟了渠道。

（2）希腊

希腊是陆上和海上丝绸之路的重要交汇处以及南欧、巴尔干、地中海三大区域的重要支点，与中国一直保持良好的政治外交关系与密切的经贸投资联系，有利于两国在推进科技人才交流合作时达成共识。前文可见，2019年中希人才合作潜力的分值为1.54，位列中东欧国家第二位，而2021年希腊创新记分达88.49，不仅在中东欧国家中名列前茅，而且也表现出了快速提升趋势，为中希科技人才合作提供了积极的创新氛围。作为巴尔干半岛地区最发达的经济体，希腊在多个领域具备技术优势，对于中国相关科技人才引进提供了方向指引。

首先，在农业方面，希腊在设计和实施乡村经济综合发展方面拥有长期经验，为了加快促进自身农业转型和改革，希腊政府在近年大力推进智慧农业发展，包括升级灌溉设备、智能监测温度、改造乡村基础设施、因地制宜进行规划等。同时，希腊政府还推出"国家乡村网络"，以加强乡村各地区的统一协调和信息共享、促进乡村科技创新、保障乡村发展规划的实施。通过加大对希腊农业技术人才引进力度，借鉴其先进的农业技术手段与农业管理经验，将有效提升中国农村发展改革步伐。

其次，希腊是世界航运大国，根据联合国贸发会议发布的《2020年全球海运发展评述报告》，希腊拥有全球商业船队17.77%的运力，排名世界第一。这得益于希腊拥有大量受过良好教育且对航运业充满热情的人才作为支撑。中国作为全球第二的航运大国，未来发展需要更广阔的国际化视野，通过引进希腊航运人才，可将其先进的建设和管理理念融入中国航运发展，并为培养更多中国航运本土化人才给予支持。

最后，中希于2019年4月签署了《关于重点领域2020—2022年合作框架计划》，并于同年11月签署了《中希重点领域2020—2022年合作框架计划重点项目清单（第二轮）》，涉及能源、制造业、交通基础设施、环保等领域14个项目，由于数字与绿色转型是希腊未来发展的重点，其对于相关领域的教育投入力度也会随之增强，因此，在中希重点合作清单的助力下，希腊未来在能源、环保、通信等领域的科技人才也应引起中国的关注。

(3) 斯洛文尼亚

在前文计算的中国与中东欧国家人才交流潜力值得分中,斯洛文尼亚以1.48分位居第三,显示其与中国有着良好的人才合作基础。在2021年度科技创新绩效得分上,斯洛文尼亚也以100.49分高居中东欧国家第二位,并保持了多年居前水平。

中斯两国自1992年建交以来,政治关系友好,经贸合作发展顺利,且在两国高层的推动下,签署了一系列务实合作文件,特别是《教育、文化、科学合作协定》《科学技术合作协定》《中斯政府关于对所得避免双重征税和防止偷漏税的协定》的相继签署,为双方深化创新合作、优化人才合作环境提供了有效政策支持。

斯洛文尼亚拥有良好的工业和科技基础,以化学、电子设备、机械制造、交通运输和金属制造为支柱的五大产业竞争力强,大量技术处于世界领先水平,加之斯洛文尼亚拥有优越的地理位置和发达的交通设施,使得许多欧洲企业与其建立了长期的合作关系。中国恒天集团有限公司、华为、浙江亚太机电股份有限公司、中国海信集团等国内制造业巨头也纷纷将目光投向了斯洛文尼亚,对于斯洛文尼亚人才需求也在双方相互投资中得到进一步提升。斯洛文尼亚产业基础扎实，劳动力素质较高，其平均生产率已接近西欧国家，但劳动成本却明显低于西欧水平。因此，充分发挥斯洛文尼亚科技人才优势，有利于中斯形成互补效应，为双方加快各领域发展创造更大机遇。

2. 中东欧国家科技人才引进支撑区

在中东欧国家中，波兰、斯洛伐克、塞尔维亚与拉脱维亚四国无论是在与中国的人才交流潜力方面，还是在科技创新绩效方面均属于中游水平，具有一定的科技人才挖掘潜力，是中国在中东欧国家"引智"的重要来源。

（1）波兰

在前文测算的中国与中东欧国家人才交流潜力得分上，波兰以 0.6 分排名中东欧国家第四位，而创新绩效得分为 65.88，位列第九名。一方面，相较于多数中东欧国家，波兰具备客观的市场容纳力，并且波兰北濒波罗的海，西邻德国，南接捷克、斯洛伐克，东临俄罗斯、立陶宛、白俄罗斯、乌克兰，是连接东、西欧的交通要地，优越的地理位置使其拥有强大的市场辐射能力。另一方面，波兰在部分工业领域有着显著的技术优势，这不仅使波兰成为全球制造业的投资热土，而且也为其相关领域科技人才的培养给予了实践支持。

例如，在汽车工业方面，波兰凭借高标准的生产能力，吸引了菲亚特克莱斯勒、大众、奔驰等全球知名汽车制造商纷纷入驻。波兰还拥有 61 家锂电池制造厂，欧洲排名第三，为其打造电动汽车全产业链提供了发展条件。再如，波兰电子工业较为发达，特别是在显示器制造方面，拥有全球领先的工艺优势，LG、西门子等跨国企业已在波兰投资建厂，而同方威视技术股份有限公司、冠捷电子有限公司等中国企业也已布局波兰，进一步促进了波兰在电子工业领域技术水平的提升。此外，波兰还拥有中东欧最大的 IT 市场，不仅专业人才储备丰富，并且通信基础设施质量已达到了西欧相同水平。近年来，中国 IT 业正处于加速扩张期，扩大对波兰 IT 人才的引进规模将有利于中国依托其成熟的技术与运营管理经验，提升自身核心能力，加快中国 IT 业整体发展步伐。

（2）斯洛伐克

斯洛伐克创新水平居于中东欧中游。2021 年，其创新绩效得分为 70.98，位列中东欧国家第八名；中斯人才交流潜力得分为 0.47，排名中东欧国家第五名。汽车、电子、冶金和机械制造是斯洛伐克优势产业。其中，汽车工业更是其支柱产业，2019 年该产业产值占到了斯洛伐克 GDP 的 15%，可见汽车工业在斯洛伐克经济中拥有极高的战略地位。电子工业也是斯洛伐克重要的产业之一，三星、富士康、索尼纷纷在斯洛伐克落户，不仅为斯洛伐克带来了丰厚的资金支持，也促进了斯洛伐克自身技术的进步，为科技人才成长提供了良好空间。斯洛伐克在冶金和机械制造业有着悠久发展史，拥有行业领先的技术水准，也吸纳了大量的人员就业。仅就机械设备制造业来说，据统计，2018年，该行业就业人数占到了斯洛伐克工业领域就业人数的38%，人才储备十分丰富。此外，随着全球科技竞争的日益升温，斯洛伐克已经意识到数字化升级的重要性，将工业4.0、人工智能、5G网络、物联网、区块链等新兴科技领域视为拉动其未来经济增长的关键动力。为了鼓励数字经济发展，斯洛伐克政府制定了一系列数字发展战略与行动计划，为数字领域发展营造了有利的政策环境，也为数字科技人才的汇聚与培养提供了新机遇。

值得注意的是，斯洛伐克劳动力质量在中东欧国家中居前，不仅劳动力中受过中高等教育的比例居于欧洲首位，而且劳动生产率和劳动成本之比也在中东欧国家中位列榜首，这将进一步提升斯洛伐克科技人才对中国的吸引力，从而为中斯人才交流合作注入更大活力。

（3）塞尔维亚

中塞两国传统友谊深厚牢固，塞尔维亚政府一直将中国发展视为其自身重要机遇，而近年来两国高层的密切往来，以及《中塞经济技术合作协定》《中塞关于基础设施领域经济技术合作协定》等一系列文件的签署与落实，为两国创新协同发展打下了坚实基础，成为畅通两国科技人才流动渠道的关键依托。前文中，中塞2019年人才交流潜力得分为0.15分，在中东欧国家中排名第八，而2021年创新绩效得分为74.52，排名第七，虽然创新水平居于中东欧国家中游，但得分增长趋势明显，表现出了积极的创新发展活力，为中国科技人才引进创造了基础条件。

农业、汽车工业以及信息通信技术业是塞尔维亚的重要优势产业。其中，汽车工业一直是塞尔维亚政府支持的经济重点发展产业，自2001年以来，超过60家外资企业在塞尔维亚投资汽车组装、零配件生产等，投资总额超17亿欧元，创造了2.7万个就业岗位，占到了塞尔维亚吸引外资总量的10%。2018年，塞尔维亚汽车工业为塞尔维亚出口创汇超24亿美元。可见，塞尔维亚汽车工业实力不俗，其相关技术人才储备也十分丰富。同时，塞尔维亚在信息和通信技术产业也拥有着相对优势，其国内信息通信技术企业达1600余家，从业人员超4.5万人，其相关工程师与技术人员教育背景良好（70%以上具有大学及以上学历），且薪资水平较低（税前月工资1000—2000欧元），成为塞尔维亚信息通信技术产业发展的核心竞争力。与此同时，中国具有优势的薪资水平也有利于对塞尔维亚技术人才产生吸引,上述因素将为中国从塞尔维亚引进人才提供机遇。

3. 中东欧国家科技人才引进挖掘区

捷克与克罗地亚在中国—中东欧国家人才合作潜力得分方面排名相对靠后,人才互动热度相对不足,但这三国科技创新能力却表现亮眼。鉴于爱、捷、克三国突出的科技人才资源禀赋条件,中国应聚焦其优势领域,重点挖掘引才潜力,纾解引才障碍,从而使中国对中东欧国家的科技引才成效得到进一步提升。

(1) 捷克

2019年,中捷人才合作潜力得分为-1.27,在中东欧国家中排名第15位,排名居后,双方人才合作表现深度不足。同时,捷克创新能力得分出众,2021年,其创新绩效得分为94.41分,高居中东欧国家第三名,这与捷克政府积极推进的创新战略息息相关,不仅使其部分高科技领域取得了突破性进展,而且为中捷在各自优势领域深化合作、扩大科技人才交流创造了有利条件。

捷克是传统工业国家,工业在其国民经济中占有重要地位,特别是在汽车、医疗卫生器械、电力设备、航空设备、环保技术和设备等一系列领域均具有独特优势,与中国的产业发展需求形成了鲜明互补,是中国开拓科技人才引进规模的理想之地。2021年5月，捷克政府批准了《国家复苏计划》，预计投资2000亿克朗（约93亿美元），用于包括基础设施和绿色转型、教育和劳动力市场、数字化转型、医疗保健、研究与开发以及商业监管和支持等领域。在政策的支持下，捷克将培养更多训练有素的技术工人与更具创新能力的研发人员，从而为中捷打造以创新为依托的人才链给予更大运作空间。

（2）克罗地亚

克罗地亚是中国在中东欧的传统友好国家，两国民意友好基础深厚，共同利益广泛，为两国人才交流合作的健康稳定发展提供了前提保障。从人才合作潜力指数来看，2019年，中捷人才合作环境尚不完善，捷克潜力得分为-0.83，仅排中东欧国家第12位，这与中克"钻石阶段"的关系定位不相匹配，存在着巨大的挖掘空间。

从自身创新能力来看，2021年，克罗地亚创新绩效得分为78.22，在中东欧国家中排名第五，体现了其较为突出的科技创新水平。克罗地亚政府于2014年推出了"国家创新战略2014—2020"，逐步构建了以市场为导向的创新体系，推动了其知识和创造力的有效应用。从领域上看，克罗地亚在海洋科技方面具有传统优势，并且在医药、电子等领域也具备一定特色。

例如，克罗地亚造船业有着数百年的历史，制造工艺技术精湛，曾在2016年排在欧洲第二位。克罗地亚医药工业也拥有较强的开发和生产能力，每年生产各类医药产品达1700多吨，90%以上的产品销往美国、俄罗斯和欧盟其他国家。当前，克罗地亚以其《经济发展战略》为总体发展规划，大力推进《智能专门化战略》《能源战略》《矿产原料战略》《创新战略》《投资促进战略》《企业发展战略》《个人潜能发展战略》7项单项战略，进一步凸显了其对于科技创新发展的强烈意愿与提升科技人才培养力度的积极姿态，强化与克罗地亚创新对接、扩大对其优势领域人才挖掘应成为中国用好"外脑"的重要依托。

4. 中东欧国家科技人才引进功能区

作为欧洲新兴与发展中经济体的代表，巴尔干半岛国家总体经济实力偏弱，且创新能力相较于其他中东欧国家存在一定差距。综合中国—中东欧国家人才合作潜力指数测算与中东欧创新绩效得分情况，波黑、北马其顿、罗马尼亚、保加利亚、阿尔巴尼亚、黑山六个巴尔干国家的创新能力处于紧随西欧发达国家的追赶期，与中国的科技人才合作也基本处于探索初期阶段，且其本土高科技人才"向西"流动问题严峻，因而与中国的人才互动并不密切，难以有效激发中国对于这些国家的引才需求。但不可否认，虽然上述六国并不具备显著的创新优势，但其在特定领域的比较优势以及更具性价比的人才供给仍然值得中国加以深入探寻，并将其打造成为填补中国人才缺口、提升引才效率的重要功能区。

(1) 波黑

中国与波黑在贸易和投资领域有着较强的的互补性，且两国一直保持着良好的双边关系，这使得中波人才合作潜力在客观条件下已得到了较为充分的利用。2019年，双方人才合作潜力指数达0.34，居于中东欧国家第6位，相对于波黑自身社会经济发展，这一表现实属不易。但波黑在创新能力上表现不佳，其2021年创新绩效得分仅为38.97，在中东欧国家中排名倒数第二，显示了波黑与其他中东欧国家的创新技术差距。

在支持社会创新发展方面，波黑无论是政策力度，还是在资金投入上均在中东欧国家中为倒数。虽然在短期来看，中波开展更大规模的科技人才合作并不具备优势条件，但波黑在部分领域仍然拥有着一定的人才储备，值得引起中国政府及企业的关注。例如，金属加工业是波黑的重要产业之一，2019年，该行业产品出口值占波黑外贸总值的37.6%，相对庞大的出口规模从侧面印证了波黑在该领域拥有纯熟的加工技术。又如，波黑凭借独特的自然条件，在农业领域有着先天优势，这也为其食品加工业提供了发展机会。通过树立技术标准、提升技术效率，波黑食品加工业的商业价值正在被进一步挖掘。

2018年1月，波黑部长会议通过了波黑2022年科技发展战略，为波黑科技领域发展规划了行动纲领。在未来科技发展政策的助力下，波黑创新进程将全面提速，这也为其科技人才的培养创造了有利环境。中国应聚焦波黑优势领域，通过精准化人才引进，使之成为推动中国相关领域技术水平提升与完善创新体系建设的有益补充。

（2）北马其顿

北马其顿总体科技创新水平在中东欧国家中相对滞后，根据《2021年欧洲创新记分牌》报告，2021年，北马其顿创新绩效得分为47.1分，排名中东欧国家第13位。有限的经济实力与人口规模，使得北马其顿创新发展缺乏有力的国内支持，因此，北马其顿积极推行开放政策，并注重营商环境的改善，在世界银行发布的《2020年营商环境报告》中，北马其顿在190个经济体中位居第17位，这为其通过吸引外资促进国内经济增长创造了有利契机，也为其未来科技创新能力提升营造了良好的发展环境。

中国与北马其顿自1993年建交以来，两国一直保持着积极友好的双边关系，不仅建立了经贸混委会和科技合作委员会机制，而且还签有《科学技术合作协定》《经济技术合作协定》《关于联合资助研发合作项目的谅解备忘录》等一系列文件，有效地推动了两国创新互动与人才合作的开展。根据前文测算的中国与中东欧国家人才合作潜力指数结果，北马其顿以0.26分，排在了中东欧国家的第7位，相较于其自身规模，这一得分已说明了中北两国拥有着良好的科技人才合作前期基础，在深化对其人才引进上具备了一定优势。

在具体领域方面，建筑业是北马其顿较发达的行业，其技术人员和现代技术的应用为业界所公认，尤其在土木工程和水利建设方面具有全球领先的技术储备，这也使北马其顿成为中东欧、中东以及俄罗斯项目建设的主要劳务供应国。同时，北马其顿在基础化工产品、人造纤维、聚氯乙烯以及洗涤剂、化肥、聚氨酯泡沫塑料等产品方面具有很强的生产能力。医药和化妆品公司每年生产3500吨药品和医疗物资以及1.25万种化妆品。可见，医药化工也应成为中国对北马其顿科技人才引进的重点关注领域。

(3) 罗马尼亚

罗马尼亚是新兴工业国家，由于在劳动力、市场环境、资源禀赋等方面的优势，在疫情前保持着多年经济迅猛增长的步伐，是中东欧国家中最具市场活力与资本吸引力的国家之一。中国和罗马尼亚有着深厚的传统友谊，作为第二个与中国签订双边政府间科技合作协定的国家，罗马尼亚主动与中国寻求科技合作领域的拓展，特别是在农业技术方面，双方已成功推动中罗农业科技园、中罗农业科技创新中心、中罗中国枣重点研究联合实验室、中罗落叶果树种质资源联合实验室等多个项目顺利落地，不仅给予两国农业现代化发展以更多技术支持，而且也为两国科技人才流动开辟了畅通渠道，使罗马尼亚成为中国农业科技人才引进的关键来源。同时，信息技术和通信行业也是罗马尼亚经济增长的重要引擎，这一方面源于罗马尼亚政府对该行业的重视与支持，另一方面也源于其国内充足的人力资源。目前，罗马尼亚信息技术专业人员超过20万，全国有5所综合技术大学、59所专业学校教授相关课程，每年毕业生可达7000人，突出的人才培养优势使得罗马尼亚信息与通信技术人才遍布欧美发达国家，并在全球享有美誉。加大对罗马尼亚信息与通信技术人才引进力度有利于弥补中国相关领域的技术短板，并有助于提升中国创新效率，因此应是中国开展对罗马尼亚功能针对性"引智"的重点。

不可否认，罗马尼亚整体创新水平在中东欧国家中依然偏低，且中罗人才合作潜力也有待释放，充分聚焦其农业以及信息与通信技术等优势领域，加大引才投入，应是中国提升对罗马尼亚科技人才引进能效的最优选择。

（4）保加利亚

保加利亚经济规模小，且经济外向程度较高，对欧盟发达国家较为依赖，因此其国内科技创新能力发展水平有限。根据欧洲创新记分牌评估结果，2021年，保加利亚创新绩效得分为50.06分，位居中东欧国家第12位。中国与保加利亚于1949年10月4日建交，而作为世界上第二个同新中国建交的国家，保加利亚一直与中国保持着较为良好的关系，特别是在中国—中东欧国家合作助力下，中保双边往来稳中有升，各领域合作持续推进。虽然根据前文测算，2019年中保人才合作潜力得分-0.31，在中东欧国家中仅排名11位，但良好的双边关系发展势头将为两国未来人才合作发展注入活力，为中国提升精准性引才工作实效带来更大机遇。

一方面，保加利亚是传统农业大国，玫瑰、酸奶、葡萄酒等农产品历来在国际市场上享有盛名。这不仅得益于其丰富且优质的农业资源，而且也得益于其独特的产品加工技术，引进该领域人才对于赋能中国农业高质量发展大有裨益。另一方面，保加利亚IT业已连续多年获得两位数增长，是同期保加利亚GDP增速的5倍。保加利亚IT人才主要来自索非亚大学和科技大学，每年培养超过3500名相关专业毕业生，人才供给丰富，吸引了思科、VMWARE、微软等跨国 IT 公司的入驻。随着"数字保加利亚 2025"国家规划的逐步落地，保加利亚人才优势将进一步凸显，对于其 IT 人才引进应成为中国"引智"工作的重要着力点。

(5) 阿尔巴尼亚

在中东欧国家中，阿尔巴尼亚经济发展明显滞后。2020 年，阿尔巴尼亚国内生产总值仅 148 亿美元，人均 GDP 不足 5500 美元，但其外债水平却居高不下，截至 2020 年年底，阿尔巴尼亚外债规模已高达 55 亿美元，仅外债利息便占到了 GDP 的 3%，严重影响了其经济的稳定性。同时，阿尔巴尼亚技术创新水平偏低，其科研开发支出不超过 GDP 的 0.18%，在欧洲垫底，这也在一定程度上决定了其经济发展显著依赖低技术产业，经济结构存在着极大的优化空间。

中阿两国经贸往来总体良好，而在人才合作方面，中国商务部与阿尔巴尼亚外交部于 2016 年 11 月 5 日签署《中阿关于人力资源开发合作谅解备忘录》，旨在推动两国在公共管理、招商引资、农业、科技、教育等各领域的人员流动与经验交流。但不可否认的是，阿尔巴尼亚缺乏具有技术领先优势的特色产业，加之其国内人才长期存在着严重外流问题，因此难以满足中国"引智"的基本要求。鉴于阿尔巴尼亚丰富的自然资源储备，未来，中国可在同阿尔巴尼亚开展经贸投资合作中,有针对性地培养相关领域的本地化人才,在助力其产业发展的同时,也为中国引才用才做好铺垫。

(6) 黑山

黑山是欧洲面积最小的国家之一,其国土面积为1.38万平方公里,与北京市面积接近,而人口仅为62万,与中国澳门相当。受经济规模的限制,虽然黑山与中国签署了《中黑关于卫生合作的谅解备忘录》等一系列文件,两国高层保持了较好的互动热度,务实合作往来有所升温,但黑山与中国的人才合作潜力得分仍在中东欧国家中垫底。同时,在科技创新方面,黑山在中东欧国家中也居于中下水平,2021年,黑山创新绩效得分为53.74分,排名中东欧国家第11名。

值得注意的是,黑山政府采取了一系列行动和政策以鼓励科学研究,而其国内研发支出近年来也有所提升。根据黑山科学部数据显示,2018年,该国国内研发总支出为2350万欧元,占国内生产总值的0.5%。该项支出相比2017年增加了56.7%,在GDP中的占比增加了15%,而与2015年相比,此项支出增加更为显著,达980万欧元。针对性的战略和立法措施,使黑山在科学和创新领域取得了较为显著的进展。例如,通过落实智能专业化战略,其创新生态体系得以发展,而智能领域科技人才也将在更完善的政策环境中得以汇聚。此外，黑山启动并主导了东南欧国际可持续研究所项目，参与者包括西巴尔干的所有国家以及保加利亚和斯洛文尼亚，主要宗旨是推动有益于和平的科研活动，提高科研水平，促进国际合作、可持续发展、教育和技术转让，并促进数字网络、高性能计算和大数据处理的发展。其中，该计划还包括建立一个国际研究所以开展用强子治疗癌症的研究，以及质子和重离子的生物医学研究，这对于提升黑山医疗科技实力将发挥显著作用，而该项目对于医学人才的培养也应引起中国的重视，成为中国对黑山"引智"工作的发力点。

表6.1　　中国引进中东欧国家科技人才的区位选择框架

区域定位	国别	区域引才特征	重点引才领域
人才引进核心区	匈牙利	科技创新基础良好，与中国人才合作潜力巨大，具备了优越的科技人才引进条件	汽车及零部件工业、生物制药、电子设备制造
	希腊		农业、航运业、能源、环保、信息通信技术
	斯洛文尼亚		化学、电子设备制造、机械制造、交通运输、金属制造
人才引进支撑区	波兰	无论是在与中国的人才合作潜力方面，还是在科技创新能力方面，该区域国家均处于中游水平，具备了较好的引才基础	汽车、电子设备制造、信息通信技术
	斯洛伐克		汽车、电子设备制造、冶金、机械制造、数字技术
	塞尔维亚		农业、汽车、信息通信技术
	拉脱维亚		化工、医药、食品加工、创意设计、可再生能源

续表

区域定位	国别	区域引才特征	重点引才领域
人才引进挖掘区	爱沙尼亚	科技创新能力表现亮眼,但同中国人才互动热度不足,存在极大的引才挖掘空间	机械制造、金属材料加工、可替代能源、信息通信技术
	捷克		汽车、医疗卫生器械制造、电力设备制造、航空设备制造、环保技术与设备制造
	克罗地亚		海洋科技、医药、电子设备制造
科技人才引进功能区	波黑	该区域创新能力偏弱,与中国人才互动并不密切,但在特定领域存在比较优势,或在部分领域具有良好发展前景,应成为针对性填补中国人才缺口、提升引才效率的功能区域	金属加工、食品加工
	北马其顿		土木工程和水利建设、医药、化工
	罗马尼亚		农业、信息通信技术
	保加利亚		食品加工、信息通信技术
	阿尔巴尼亚		资源开发
	黑山		人工智能、生物医学

（二）相关政策建议

作为连接亚欧大陆的关键"纽带"与"桥梁"，中东欧国家对于加快中国全球化布局有着不可替代的战略地位，对于中国拓展国际科技人才合作也发挥着至关重要的作用。中东欧国家国别差异较大，技术优势与创新能力各不相同，而基于各国科技禀赋条件与前期合作成效，前文针对不同国别构建了差异化的引才选择框架。但不难发现，作为推进次区域科技人才引进的重要来源，中国与中东欧国家人才合作确实存在着亟待解决的共性障碍问题。为了有效提升中国对中东欧国家引才效率，本部分在充分结合上文研究结论的基础上,以现存风险阻力为依据,提出相应的政策建议,以期为化解中国人才引进困境,释放人才协同潜力提供合理的决策参考。

1. 统筹各方关系,降低中东欧国家科技人才对华负面印象

随着中国与中东欧国家各领域务实合作往来的日益密切,域外大国对中国的打压力度也在逐步增强,不仅加大了中东欧国家科技人才赴华阻力,而且也影响了中国在其心中的地位形象,给中国的引才效率带来了一定的负面干扰。首先,中国既要坚决维护好自身主权立场,也要避免矛盾过度激化。面对美西方大国的恶意打压,中国应坚决回击,在批驳其不实言论的同时,主动揭示美西方对该地区的霸权意图,努力化解中东欧国家的对华疑虑,为中国科技人才引进争取更为有利的社会舆论氛围。中国也应主动寻求与欧洲国家的利益交汇点,充分展现双方共同利益的领域,切实利用好欧洲独立自主的诉求以及美欧之间的战略分歧,不断释放善意,以务实姿态降低欧洲对华顾虑,缓解中欧对立关系,通过拉紧中欧利益纽带,减少中国—中东欧国家科技人才合作的地缘政治压力。其次,大国的质疑与猜忌为中国挖掘中东欧国家人才资源带来外部阻力的同时,受西方的舆论误导,中东欧国家内部排华"杂音"也有所上升。面对这一情况，一方面，中国应进一步强化在中东欧国家的宣传力度，尽全力破除中东欧国家对中国行为的误解，以更加互信互利的合作关系为中国与中东欧国家人才合作注入动力。另一方面，中国应关注到中东欧国家与美欧等域外大国也存在分歧，对于中东欧国家而言，中国比美欧等西方国家有着更高的合作积极性与更丰富的合作落地成果。中国应以此为切入点，主动寻求合作机会，深入挖掘与中东欧国家的"最大公约数"，以标志性合作项目为示范，重塑中东欧国家对华合作预期，为进一步发挥中东欧国家人才支点作用筑牢互信之基。最后，对于以立陶宛为代表的中东欧国家"退群"论调，中国应在评估其行为影响的基础上，尽量保持开放姿态，以防授人以柄，避免中东欧国家科技人才对华产生排斥心理。同时，面对部分成员国对华挑衅行为，中国应通过政治、外交、舆论等手段，在有力反击的基础上，理性分析其行为背后的目的动机，既要维护好中国的威信与地位，又要避免打击面过大，伤害双边关系，进而影响到中国—中东欧国家科技人才合作的热情。

2. 强化人才的精准性引导，夯实中国与中东欧国家人文根基

客观的市场发展差异使中东欧各国拥有不同的技

术禀赋优势与迥异的人才合作诉求。当前，中国与中东欧国家建立了多领域多层次的合作机制，双方的沟通与交流也在"一带一路"建设和双方合作机制平台的支撑下不断增多，从而为推动双方人才合作深化、畅通人才流动渠道发挥了积极作用。然而，当前的合作机制主要是基于中东欧国家整体而言的，通过构建"一国对多边"的对接模式，形成相对统一的引才政策，虽然这种模式对接与沟通成本相对较低，但却忽视了不同国家间的发展特点，影响了中国与各国人才对接的"契合度"，这对于进一步提升中国对中东欧国家科技人才引进规模与效率将产生负面干扰。有鉴于此，中国应采取以下举措强化人才的精准性引导。

第一，中国应在巩固现有机制模式的基础上，以中东欧各国的多样性与复杂性为依据，探索双边与多边合作并进的人才引进模式。既要注重发挥"以面促点"的叠加效应，也要注重发挥"以点带面"的辐射效应，可参考上文搭建的科技人才区位选择框架，在中国—中东欧国家合作的多边框架内同时开展双边、三边或多边人才合作，以双边与多边并进提升引才效率，以更具精准性的人才支持政策，全面激发中东欧国家科技人才"向东"热情。

第二，为了挖掘最大化的人才合作潜力，中国应充分利用好中国—中东欧国家合作的"多层级"合作特点，既注重国家层面的战略引导，又注重地方政府的实践对接。一方面，中东欧国家经济规模相对较小，具有优势的科技领域相对单一，与中国地方政府开展人才合作往往更具契合性。通过"中央搭台、地方唱戏"，中国应进一步激发地方的自主合作意愿，促进其立足本地需求和中东欧国家人才特色设计出更符合实际情况且更具吸引力的地方引才政策，从而为发挥中国与中东欧国家科技人才互补优势注入地方活力。另一方面，由于中国与中东欧国家人才合作起步较晚，少有先例可循，因此在引才实践中，应充分发挥典型合作省市的"样板效应"，通过建立地方引才经验交流平台，推动成功经验的分享与扩散，在更大范围内提升中国对中东欧国家引才能力水平。

第三，社会基础与文化传统的巨大差异一直是阻碍中国与中东欧国家人才合作深化发展的重要障碍。为了有效夯实中国与中东欧国家人文基础，提升人才对华情感认同，一方面，应着力强化自身软实力的建设与国家形象的塑造，推进各领域、各层级的人文交流，将中国"亲诚惠容、互利共赢"的合作理念切实传递给中东欧民众，从而为中国与中东欧国家打造更加紧密的人才联动关系提供契机。另一方面，对于中东欧国家社会文化的认知不足也常常制约着中国与中东欧国家人才互动的顺利开展。为了尽快破除这一合作阻碍，中国应在加大涉中东欧相关专业人才培养力度的同时，推动中东欧智库建设与发展，以丰富且深入的研究成果为依托，既帮助中国用人单位加深对中东欧地区的了解，又为中国政府的引才政策提供更具前瞻性与科学性的参考指引，从而为中国营造友好的引才环境注入智力动能。

3. 打通产业链梗阻，打造中国—中东欧国家人才创新共同体

新冠肺炎疫情的暴发以及俄乌危机的持续，削弱了中国和中东欧国家生产要素流动的通达性，不仅使产业链对接成本大幅上升，而且极大地影响了人才链的畅通，给中国引进中东欧国家科技人才带来了较大负面冲击。第一，为了有效增强中国与中东欧国家产业链与人才链的稳定性与安全性，中国应全力保障与中东欧国家的运力供给能力，在加快海、空运渠道疏通与开拓的同时，充分发挥中欧班列的战略通道作用。特别是当前俄乌冲突给中欧班列造成了严重影响，中国应积极与中东欧国家探讨中欧班列绕俄路线，坚持维护中欧班列定位、角色不动摇，通过打通运输网络梗阻，从而以更加畅通的要素流动渠道提升中国与中东欧国家产业链韧性，并为提高双方人才链强度创造必要条件。第二，俄乌冲突爆发以来，已有大量乌克

兰难民向西涌入中东欧国家。中国应重视同中东欧国家开展人道主义援助合作，通过资金资助、物资捐助的形式，协助中东欧国家难民安置与保障，在缓解中东欧国家难民压力的同时，努力争取中东欧国家对华理解，从而为未来深化双方人才合作赢得更大的社会支持与认同。第三，围绕中国与中东欧国家共同利益关切开展积极磋商。当前，百日冲突让俄乌受创、世界震荡，全球主要市场动荡加剧。中国应强调这一共性，在明确表达中立立场的同时，抓住中国与中东欧国家共同利益关切，围绕原材料、能源短缺、进口与替代转型压力等方面面临的共同困境与难题同其开展积极磋商，主动寻求双方共同立场和解决方案，从而抑制"中俄绑定论"在中东欧国家的持续发酵。同时，不断宣传中国与中东欧国家以协同求生存、以合力应风险的合作理念，进而为打造中国—中东欧国家人才创新共同体注入动力与信心。

4. 完善海外人才引进的管理体制机制与相关政策规划

面对当前海外人才引进工作权限碎片化问题，首先，中国应加快建立具有权威性的统筹协调机构，并由该机构牵头，定期召开海外人才培养与引进的联席会议。各部门结合各自职能与工作实际，围绕引才工作中遇到的阻力因素开展协同应对，避免因部门间碎片化政策安排造成的引才工作错位与缺位，从而以更加清晰的权责分配，提升政策兼容性，确保人才引进工作高效运行。同时，针对政府职能越位所造成的人才供需失衡问题，中国应加快构建国家、社会、用人单位三方引才立体工作机制，进一步发挥用人主体在引才过程中的决定性作用，以此调动市场的积极性，形成相互促进、相互补充、相得益彰的海外科技引才工作局面。

其次，中国应加快海外人才引进的法律规划体系建设。一方面，政府应将国际人才引进与管理的政治功能置于现代法治框架下，根据企业、高校、研究机构等用人主体的实际需求，提供相对完备规范的指引与市场监督，既要强化海外科技人才引进的制度化保障，也要明确防止因海外科技人才引进而挤占国内就业资源，干扰就业秩序。通过更明确的权责划分，中国社会引才资源将得到更为妥善的配置，从而为人才供需的高效对接给予有力支撑。另一方面，中国应为海外科技人才打造更具竞争力的科研条件与资助体系，建议在国家层面设立专项基金，针对海外科技人才从事的科研项目提供奖励性资助，以此提高人才引进工作效果、优化人才发展生态环境。

最后，制定系统全面的海外科技人才引进战略规划。政府相关部门应加快梳理海外科技人才专业领域重点需求清单，并以此为依据，编制出台海外科技人才引进发展规划，进一步明确中国引才的条件、思路、方向、目标以及着力点，从而在国家宏观层面形成完备的引才逻辑架构，为打造更具竞争力的国际引才高地奠定坚实基础。同时，各地区也应依照国家的总体战略布局和规划要求，结合自身情况特点，制定更具精准性的地方人才发展规划与引才保障政策，以更加务实的方式与更加明确的需求，扩大对于急需技术、关键技术、前沿技术人才与团队的引进力度，从而与国家规划形成合力，为中国科技和经济社会发展汇聚全球智慧、筑牢人才支撑。

5. 畅通流动渠道，优化人才引进软环境

首先，中国应充分借鉴全球科技强国对于科技人才移民法律制度的实践和经验，并结合自身引才新需求、新趋势，制定并完善有关科技人才移民法规、条例与政策，适当降低海外科技人才引进的门槛，在减少行政部门过度行政干预的同时，进一步扩大用人主体的申请范围与自主权限，从而在促进人才供需更加精准对接的基础上，强化法律法规对科技人才移民权利和义务的维护，为海外科技人才来华工作提供更加友好的移民制度环境。为了避免因引进门槛降低所带

来的低技能移民涌入的风险，中国应尽快完善人才评价标准，结合不同专业领域，充分发挥专业学术委员会的作用，制定具有本领域特色的人才评价体系标准。同时，积极推进同行评议制度建设，使人才评价过程既透明公开，又不失灵活，使国家需要、市场认可的海外科技人才能够顺利来华就业与居留。

其次，深化中国相关职能部门的"放管服"改革，适度下放省级管理机关一定的外籍人才审批权限，提升行政服务效能。同时，进一步简化外籍人才在申请人才签证中评估、申请、受理、审批、发证等环节的管理流程，放宽多次有效短期签证的发放条件，建立涉外行政审批"一站式服务"机制，为海外科技人才国际国内流动提供便利化支持。

最后，完善工作居留向永久居留的转换机制。对于前期已在中国有过工作经历，且愿意留在中国长期工作的科技人才，中国应给予其永久居留的政策倾斜。通过引入市场化的评价机制、配额制、积分评估制、社会信用评价制等多元化体系，为海外科技人才在华工作居留转向永久居留提供客观可量化的判断依据，为引进海外高质量人才给予更多便捷与更大机会。

6. 推动引才平台建设，提升海外人才搜募能力

首先，以市场为导向，引导海外科技人才不断向

中国产业链汇集。一方面，中国应通过"走出去"方式，推进海外创新中心建设，逐步实现从创新的当地孵化到引进孵化，再到产业落地孵化，以产业链向内延伸，引导科技人才资源加速流入。另一方面，中国也应注重"请进来"方式，以政府推动、市场化运作、差异化发展为途径，加快培育形成一批创新能力突出的产业集聚区、重要基地以及创业园区等。通过推出相应的政策配套措施并营造良好的创新发展环境，使引才潜力得到有效释放，从而为争取更多海外人才资源汇集提供根本抓手。

其次，进一步促进人才信息的流动与共享。一方面，中国应完善和整合科技发展重点领域国外人才数据库，通过实现海外科技人才引进全领域、全过程的数字化信息化，全方位提升中国用人主体的人才搜募与对接沟通效率。另一方面，中国应尽快搭建海外科技人才引进信息发布和政策宣传平台，实时更新国内对海外科技人才的需求及相关政策信息，加大政策宣传力度，打破国际国内信息壁垒，打通人才供需两端的联系渠道。

最后，中国应积极借助国际中介机构的力量，依托其对于海外社会文化、人才市场情况、福利薪酬制度等方面的经验，有针对性地选择职位信息发布渠道、宣传方式等，以更加专业化的手段提升引才效果。同时，中国也应加大对本土猎头行业的扶持，加快其国际化进程，促使其在国际人脉网络、品牌影响力以及运营管理等方面的能力得到进一步提升，从而为中国用人主体特别是政府、事业单位提供更为安全可靠的人才招募支持。

参考文献

陈晓红、杨立：《基于突变级数法的障碍诊断模型及其在中小企业中的应用》，《系统工程理论与实践》2013年第6期。

丁琳：《基于突变级数法的中小企业成长性评价研究》，硕士学位论文，山东大学，2010年。

高子平：《中美竞争新格局下的我国海外人才战略转型研究》，《华东师范大学学报》（哲学社会科学版）2019年第3期。

侯敏、邓琳琳：《中国与中东欧国家贸易效率及潜力研究——基于随机前沿引力模型的分析》，《上海经济研究》2017年第7期。

霍宏伟等：《中美科技人才交流形势分析与对策》，《科技进步与对策》2014年第10期。

姜峰、段云鹏：《数字"一带一路"能否推动中国贸易地位提升——基于进口依存度、技术附加值、全球价值链位置的视角》，《国际商务》（对外经济贸易大学学报）2021年第2期。

李敬等:《"一带一路"沿线国家货物贸易的竞争互补关系及动态变化——基于网络分析方法》,《管理世界》2017年第4期。

刘永辉、赵晓晖:《中东欧投资便利化及其对中国对外直接投资的影响》,《数量经济技术经济研究》2021年第1期。

龙海雯、施本植:《中国与中东欧国家贸易竞争性、互补性及贸易潜力研究》,《广西社会科学》2016年第2期。

龙晖:《海外科技人才引进的策略:精准化引才》,《重庆社会科学》2017年第6期。

龙静:《中国与中东欧国家在"一带一路"上的创新合作》,《欧亚经济》2020年第4期。

吕瑶:《中国与"一带一路"中东欧国家创新国际化发展及模式比较》,《经济问题探索》2019年第9期。

曲如晓、杨修:《"一带一路"战略下中国与中东欧国家经贸合作的机遇与挑战》,《国际贸易》2016年第6期。

邵景波、李柏洲、周晓莉:《基于加权主成分TOPSIS价值函数模型的中俄科技潜力比较》,《中国软科学》2008年第9期。

忻红、李振奇:《中国—中东欧国家科技创新能力及科技合作研究》,《科技管理研究》2021 年第 9 期。

张海燕、徐蕾:《中国与中东欧国家科技创新合作的潜力与重点领域分析》,《区域经济评论》2021 年第 6 期。

张秋利:《中国与中东欧国家货物贸易互补性研究》,《山西大学学报》(哲学社会科学版) 2013 年第 3 期。

张述存:《"一带一路"战略下优化中国对外直接投资布局的思路与对策》,《管理世界》2017 年第 4 期。

A. Federici, A. Mazzitelli, "Dynamic Factor Analysis with STATA", 2nd Italian Stata Users Group meeting, Milano, 2005.

L. Ansenlin, "Local Indicators of Spatial Association—LISA", *Geographical Analysis*, No. 27, 1995.

Y. Wang et al., "Construction of China's Low-carbon Competitiveness Evaluation System: A Study Based on Provincial Cross-section Data", *International Journal of Climate Change Strategies and Management*, Vol. 12, No. 1, 2020.

韩萌，毕业于对外经济贸易大学世界经济专业，经济学博士，惠灵顿维多利亚大学联合培养博士，现任中国社会科学院欧洲研究所助理研究员。主要从事中东欧国家问题、中国—中东欧国家合作、中国—中东欧国家经贸关系、中欧经贸合作、"一带一路"等方面的研究，曾在《中国人口·资源与环境》《理论学刊》等期刊发表论文十余篇，作为主要执笔人编写著作多部，主持和作为主要成员参与国家社科基金项目，国家自然科学基金项目，外交部、教育部、北京市社会科学基金项目及其他课题十余项。

姜峰，中国信息通信研究院副研究员，北京大学博雅博士后，对外经济贸易大学金砖国家中心副主任，研究领域为数字贸易、绿色发展、国际投资，主持中国博士后基金项目，贸促会研究院、对外经济贸易大学等多项课题，参与国家社会科学基金重大项目，国家自然科学基金项目，教育部、商务部、国家网信办、农业农村部、中联部、外交部等省部级及其他课题二十余项，在 International Journal of Emerging Markets、Journal of Cleaner Production、《世界经济》等期刊发表论文十余篇，参编图书四本。

顾虹飞，哲学博士（政治学），政治学、外国语言文学博士后。西安外国语大学国际关系学院讲师、区域与国别研究院波兰研究中心助理研究员。西安外国语大学"东欧语言文化与政治""计算话语"学科团队成员。主要研究领域为中东欧区域与国别研究、对外话语研究及科技情报研究。曾在国内外学术刊物发表论文多篇，负责多部研究报告及译作，并在《中国社会科学报》《经济日报》《中国日报》等媒体发表多篇评论。先后主持陕西省哲学社会科学重大理论与现实问题研究项目、中国博士后科学基金项目等省部级项目三项，并作为主要成员协助科研团队参与了国家社科基金重大项目、外交部中国—中东欧国家关系研究基金项目、欧盟"让·莫内"研究项目等科研项目。